Myra的

豆沙擠花不失敗

給新手的第一本擠花書

本書從基礎擠花教起，精心歸納出擠花失敗的44個常見因素，詳解容易失敗的原因，圖文詳列修正方法，讓你擠花零失敗。

目錄

推薦序

앙금플라워케이크를 시작하기 전까지 나 자신도 13년 교직생활을 그만 두고 내 자신에게 숱한 날들을 묻곤 했다.

"넌 무엇을 하고 싶니?
"넌 어떤 사람이 되고 싶니?"

꽃꽂이, 요리, 유럽자수, 등등 많은 것을 배우고 즐기던 중 우연히 찾아온 앙금플라워케이크는 너무 매력적인 블루오션이었다. 처음 접해본 일이었지만 사간가는 줄 모르고 꽃을 피워냈다. 버터크림에서 파생된 케이크여서 기본 어레인지와 꽃들이 정형화 된 것에 점점 싫증이 나기도 했었으나 며칠동안 고민 끝에 나만의 꽃으로 케이크를 만들어 보기로 결심했다. 협회(GLOBAL FLOWER DESIGN ASSOCIATION)를 설립하고, 꽃을 자세히 관찰하고 꽃잎을 보면서 하나, 둘 꽃들을 피어냈다. 기존의 어레인지를 과감히 무시하고 자유롭게 표현해 보니 다른 케이크와 차별화도 되고 즐거움이 더 했다. 모든 일들이 마찬가지로 남들과 똑같이 따라 한다는 것은 아무 의미가 없다. 기본에 충실하되 고정관념을 버리고 남들이 시도하지 않은 꽃들을 연구한 것이다. 지금 돌이켜 생각해 보면 가슴 뛰는 시간들이었다.

"구슬이 서 말이라도 꿰어야 보배다."라는 한국 속담이 있다.
자기 꿈에 대해서 스스로 질문하고 스스로 답을 찾고 행동에 옮겨야 한다. 아무리 좋은 꿈을 꾸어도 자신의 노력과 시간의 투자 없이는 결코 꿈을 이룰 수 없다. 자신이 숙제는 신도 대신할 수 없다. 오직 자신만이 풀어가며 날마다 새로운 꿈을 키워 나가야되다. 늦었다고 생각될수록, 환경이 열악할수록, 경제적으로 어려울수록 더욱 우리는 꿈을 키워야 된다.

친애하는 대만 친구 여러분, 2015년부터 시작된 rice and bean paste flower cake은 짧은 역사에도 불구하고 여러분들의 관심과 성원에 한국은 물론 대만과 중국등 5대륙에서 많은 사랑을 받는 케이크가 되었습니다.

한국의 전통 음식인 떡을 기본 베이스로 하여 다양한 재료를 응용해서 만든 떡케이크에 앙금을 재료로 천연비트 가루로 조색을 하여 만든 생화 같은 꽃으로 데코해서 완성하는 케이크입니다. 실용성과 예술성이 접목된 앙금플라워케이크는 만드는 이의 창의력이 더 해지면 실제 꽃보다 더 화려하고 앙금의 부드러움과 달콤함이 어우러져 많은 이의 사랑을 받고 있습니다.

Myra Tsai 선생님의 출간을 진심으로 축하드립니다. 그 누구보다도 BEAN PASTE FLOWER CAKE를 잘 이해하시고 기본기가 탄탄하신 Myra Tsai 선생님의 아름다운 꽃들을 피워내는 것을 보며 박수를 보냅니다.

실력은 물론이요. 인품과 성품마저도 훌륭하신 Myra Tsai 선생님의 교재가 앙금플라워케이크를 입문 하시는 모든 분들의 영원한 바이블이 되기를 기원합니다. 여러분의 앞날에 행운이 늘 함께 하시길 기원합니다.

2018.03.16
Global Flower Design Association & Chairman
Cakehouse＆Lim

推薦序譯文

在開始做豆沙霜擠花蛋糕之前，我辭掉了13年的教職生活，經常問自己。「你想做什麼？」、「你想成為怎麼樣的人？」我學過插花、料理、歐洲刺繡等很多事物，其中偶然找到的豆沙霜擠花蛋糕就充滿魅力的藍海。雖然才剛開始接觸，但深深的著迷，且有了如花朵般美麗的成果。

豆沙霜擠花是從奶油霜擠花衍伸出來的蛋糕，由於我對於基本擺設和花朵定型化漸漸感到厭煩，經過多日的苦思之後，我決定要用我專屬的花朵來製作蛋糕。

成立GFDA協會（GLOBAL FLOWER DESIGN ASSOCIATION）後，我仔細的觀察花朵、觀看花瓣，果敢忽視既定的花朵擺設方式，試著自由地呈現，想辦法和其他蛋糕做出區別，都讓工作更有樂趣。

所有工作都一樣，如果同樣的跟隨別人，那就沒有任何意義了，打好扎實基本功，拋開既定觀念，研究別人沒嘗試過的花，現在回想起來都是令人激動的時刻。

有句韓國諺語說「珍珠三斗，成串才為寶」，自己夢想要自己尋找，自己找到答案且付諸行動，不管做了多美好的夢，若不努力和投資時間，絕對無法實現夢想，神也無法替我們完成這些功課，只有自己解題，每天培養新的夢前進。

各位親愛的台灣讀者，從2015年起開始的米蛋糕和豆沙霜擠花雖然歷史尚淺，然而在各位的關心和支持下，不僅在韓國，也在台灣和中國各地都成為廣受喜愛的蛋糕。

這種將韓國的傳統食物年糕當作基底，運用各種材料製作的年糕蛋糕，是用豆沙霜當作擠花材料，以天然粉末調色，再製作成像鮮花般的擠花裝飾，實用性和藝術性接軌的豆沙霜擠花蛋糕，加上創作者的創意力與設計，讓豆沙霜擠花能夠比實際鮮花更加華麗，再搭配上豆沙霜的柔軟與香甜交融，深受許多人喜愛。

由衷祝賀MYRA老師出版新書，她比任何人都了解豆沙霜擠花蛋糕的美麗，MYRA老師的基本功力穩健、實力出眾，蛋糕作品皆綻放出美麗的花朵，在此獻上掌聲。

也希望人品和品行都優秀的MYRA老師，用心撰寫的這份教材，能成為豆沙霜擠花蛋糕入門永遠的聖經。

盼望未來的道路幸運與你們同在。

2018年03月16日
Global Flower Design Association韓式擠花協會主席
Cakehouse & Lim

作者序

不知道大家有沒有聽過一句話，「給他魚吃，不如教他釣魚」，撰寫這本書最主要目的，就是希望大家讀完後，真的能自己做出美麗的擠花蛋糕。

常常遇到學生問：「老師還有其他課程可以報名嗎？」、「老師我還想學其他花」，這時我都會請她們先別急，回去多練習目前學到的花型、盡可能熟悉花嘴的使用方法後，如果真的想再精進，或遇到靠練習無法解決的問題，才來報名其他的課，常常被笑說是把錢往外推。

這是因為我希望學生先將基礎打好，在不斷練習的過程中，熟悉花嘴用法與特色，以及花嘴能夠製造的效果。有了扎實的基礎後，可以勇敢的去「玩花嘴」、嘗試各種擠法，有時會意外研發出新的擠花花型，或是找到最適合自己的擠花方式。我認為跟老師學習的重點，應該是學習花嘴的用法，而不是擠花的花型，才不會要想擠出新花型，就得找老師上課，好像每次都得跟老師買魚吃一樣。

因此本書中，用了很多篇幅解釋擠花基礎理概念、花嘴使用角度、擠花可能發生的錯誤，以及花朵組合、設計概念等，就是希望讀者讀完本書後，對擠花有更詳細、更全面的瞭解，而且能自由的運用學到的技巧，做出美麗萬千的擠花蛋糕。

書中也按照基礎、中階到進階的程度，設計不同的擠花示範，以及如何在蛋糕上組合美麗的擠花，若能夠按照書中設計的章節，按部就班的動手實作，學習起來一定可以事半功倍，讓你在擠花這條路上，走得比別人更快。

最後要提醒大家，擠花需要非常多的耐心與練習，沒有人剛開始擠花就非常完美，重點是別怕失敗，勤加練習才能夠讓花越來越美，也期盼大家都能和我一樣，在擠花世界中找到無窮樂趣。

繽紛多彩的擠花世界

近幾年吹起的「韓式擠花」風潮，精緻擬真的花型與優雅配色，引起許多烘焙愛好者的興趣，甚至連從沒做過烘焙的人，也躍躍欲試。其實「擠花」並非新的技術，早在數十年前，歐美便流行以打發鮮奶油擠花在蛋糕上做裝飾，例如美國的烘焙品牌惠爾通（WILTON），或英國烘焙品牌PME等，都有開設鮮奶油擠花證照班，只是歐美的擠花，並不追求花朵型態的細膩，或是色調上的真實性，多為較圓潤的造型和鮮豔的配色。

其實「韓式擠花」是由歐美擠花演變而來，當初是由一群熱愛烘焙的韓國媽媽，將歐美開口較寬的花嘴，以手工方式敲打成開口較扁、較細薄的花嘴，讓擠花者可以做出更薄透、更接近真實型態的花瓣，後來也衍伸出許多形狀特異的「韓式花嘴」，就是用來模擬多種不同的花瓣、花心與花蕊。

至於調色方面，韓國人以真實花朵的顏色為參考，使用天然色粉作調色，做出來的花朵色調，會比歐美使用色膏或色素做出來的顏色，更為真實，這也是為什麼韓式擠花較少出現過分艷麗的顏色（例如螢光色），而是以真實花朵會有的顏色為主。

掌握了花型和調色後，再來最重要的就是創作者的創意與設計，許多老師常會參考各種花束、插花的圖片，再轉化成作品，甚至世界名畫的配色，也會成為作品顏色設計的參考。簡單來說，韓式擠花就是集結了姿態、色調和設計於一身的「甜點藝術品」。

善用花嘴做出擬真花朵

花嘴的款式百百種，加以如點、拉、推……等各種手法，做出來的擠花就有千變萬化。在此介紹九款本書較常使用的花嘴，目的在讓大家對花嘴有基本認識，但每個花嘴都有多種用途，不妨在操作中不斷練習，也許能開發出自己的獨家用法。

惠爾通2號

圓形花嘴，可以用來寫字或畫圓，在本書中使用為繡球花、馬蹄蓮、小蒼蘭的花心之用，還用來擠金杖球。

惠爾通79號

開口有凹處，可以展現層次感，本書用來擠菊花和朝鮮薊。

惠爾通352號

除了擠葉片之外，也可以運用製作蛋糕圍邊摺飾，有多種功能。

惠爾通103號

與104花嘴一樣，屬於小型花嘴。可以擬真做出各式花瓣，本書使用擠蘋果花、小雛菊和陸蓮花。

惠爾通104號

通常被運用擠各式花朵的花瓣，還可逼真的呈現出皺褶等模樣，在本書中被使用擠基礎玫瑰、玫瑰花苞、藍盆花、山茶，也可以擠羊耳葉和長形的彎葉子。

韓國122號

花嘴開口處較扁，擠出的花瓣薄透且接近真實型態，本書使用擠小蒼蘭、芍藥、牡丹等，很好的呈現出層次感。

手工玫瑰花嘴

常被運用擠基礎玫瑰、玫瑰花苞等、藍盆花、羊耳葉和長形的彎葉子等。

韓國125K

花嘴的特徵是開口較扁，稍微向內凹，本書運用來擠馬蹄蓮，銀蓮花、藤蔓葉和擬真葉。

韓國126K

花嘴特徵與125K相同，僅尺寸不一樣。以不同的手法就可有機會創造不同的花型。

韓式擠花最常使用的原料分別為豆沙霜和奶油霜兩種，使用不同材質擠出來的花，效果也不一樣，豆沙霜擠花呈現霧面質感，奶油霜擠花質感則為亮面。另外操作時，豆沙霜較不受溫度影響，奶油霜則需維持較低的溫度，例如將冷氣溫度調低、或是戴手套操作。

在熱量方面，奶油霜需要添加大量的奶油與糖來製作，豆沙霜烹煮時則不需要加入油脂類，因此整體熱量會比奶油霜低。

豆沙霜：

豆沙霜為了方便調色，都是用白色的白鳳豆製作，白鳳豆因為不是常用豆類，因此在一般超市並沒有販賣，只能在傳統的雜糧行或種子行購買。豆沙也可用紅豆沙、綠豆沙、芋泥、馬鈴薯甚至南瓜泥、地瓜泥代替，不過製作出來的成品，會帶有食材原本的顏色，不易調色，這點需要多加注意。

台灣白豆沙　韓國豆沙

另外一般用來擠花的豆沙，有分為台灣白豆沙與韓國豆沙，台灣白豆沙擠花前需要另外加入鮮奶油、牛奶或水等液體做調整（書中用的是鮮奶油）。韓國豆沙因為混合兩種豆類製作，本身就具有黏稠度與延展性，因此買來就可以直接用，不需要再做調整。一般韓國老師用來擠花的豆沙，可分為春雪豆沙（軟）和白玉豆沙（硬）兩種。

如何製作白豆沙霜：

製作時先將白鳳豆泡水一夜，隔天將豆子煮軟、去豆殼、壓成豆泥、擠乾水分，再按照想要的甜度，加入砂糖小火拌炒，完成後的豆沙冷藏可保存約兩星期，冷凍可保存一至兩個月。如果不想花時間煮豆沙，烘焙材料行都有現成白豆沙可供購買，但甜度方面無法調整。開封後的白豆沙，冷藏可保存約兩星期，冷凍可保存一到兩個月。

台灣白豆沙　　鮮奶油　　　　　　白豆沙霜

豆沙煮好後為塊狀，無法用來擠花，需在使用前須加入動物鮮奶油，增加豆沙黏稠度與延展性，鮮奶油可用牛奶或水代替，可以降低熱量，但會使成品的外觀與口感上較粗糙。已經加入鮮奶油調製好的豆沙霜必須冷藏存，最好三天內使用完畢，避免變質。

豆沙擠花的運用：

豆沙擠花的運用十分廣泛，可用來裝飾各式甜點，例如蛋糕、提拉米蘇、果凍、慕斯蛋糕、餅乾等，但因為豆沙本身已經有甜度，所以若要使用擠花做裝飾，底下的甜點製作時須酌量減糖，否則整體口味容易過甜。

另外若是用來裝飾麵粉類的蛋糕，建議使用蛋糕體較扎實的磅蛋糕，才能夠支持擠花的重量，若是使用海綿、戚風或乳沫類的蛋糕，蛋糕體容易被擠花的重量壓扁。擠花使用的原料，也會影響下面搭配甜點的選擇，例如豆沙霜擠花就不適合搭配果凍和慕斯蛋糕，兩者配在一起的口感，大多數人較難接受，磅蛋糕則是豆沙霜和奶油霜擠花皆可搭配。

花釘：

所有花都是直接用豆沙擠在花釘上，此外花瓣的圓弧形狀，也是靠左手轉花釘形成的。建議初學者購買7號花釘即可，是最常使用的大小。

刮板：

方便將豆沙集中在擠花袋前端。

花座：

多為木頭製，也有壓克力製，要有些重量，花擠好放在上面才不會倒。

牙籤：

是組合花朵的輔助工具，也可以用來沾取色膏。

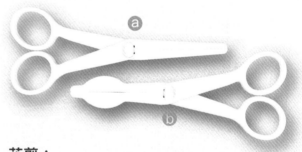

小湯匙：

舀取色粉用，也可以用一般小湯匙來代替。

花剪：

用來將花釘上的花，移到其他地方，花剪可分為ⓐ一般花剪、ⓑ安全花剪（建議初學者購買）。

攪拌刮刀：

可用湯匙或其他攪拌器具代替。

透明蓋：

防止碗內的豆沙乾掉，可用保鮮膜代替。

花嘴：

任何品牌皆可（常見的品牌包括惠爾通、三能、PME等），花嘴主要看開口形狀和大小，例如同樣是玫瑰花嘴，惠爾通編號為104，三能編號則為7028。本書主要使用惠爾通與韓國手工花嘴，花嘴品牌與號碼，通常都寫在花嘴側面。

本書中皆是以花嘴開口形狀俯瞰圖，來介紹所需的花嘴，另外也會註明花嘴號碼，以利在購買時分辨型號。

擠花時花嘴需要使用的角度，則會以花嘴角度圖來標明。

調色碗：

建議找有把手的，較容易將豆沙拌勻，若找不到可用一般碗代替。

擠花袋：

任何品牌皆可，建議購買中型擠花袋。擠花袋可分為拋棄式塑膠擠花袋，或可重複使用的矽膠擠花袋。

豆沙霜擠花追求擬真效果，調色上愈自然愈好，豆沙霜可用色粉或色膏調色（本書皆使用天然色粉），建議無論是色粉或色膏，一定要有三原色，藍色、黃色、紅色；另外還可購買咖啡色和黑色，有了這些基本顏色，就可以調出其他所需的顏色。

色粉或水性色膏：

天然色粉為蔬果或花朵研磨而成，水性色膏則包含多種化學物質。購買時，色粉粉末越細緻越好，較容易在豆沙中調勻，若是色粉顆粒太粗或是產生結塊，可先將色粉過篩再使用。

注意調色時下手要輕，不要一次加太多色粉，每次用小湯匙挖取約半匙色粉即可。若是使用色膏，則用牙籤沾取色膏，一點一點加深顏色，直到調至自己需要的顏色為止；若一次下太多色粉，顏色太深時，只能再加入未調色的豆沙，將顏色調淡。記得一旦湯匙或牙籤碰到豆沙後，就不要再重複使用，避免造成色粉或色膏發霉。

青梔子粉	南瓜粉／淺黃	百年草粉／粉紅	可可粉	竹炭粉
	地瓜粉／淺黃	甜菜根粉／桃紅		黑色可可粉
	黃梔子粉／深黃	紅麴粉／暗紅		

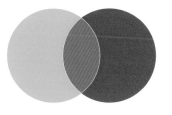  

藍色 + 紅色 = 紫色　　　紅色 +　　　= 橘色　　　　+ 藍色 = 綠色

天然色粉的調色：

天然色粉調出來的顏色較為柔美復古，有人形容是乾燥花色，但調不出彩度較高的螢光色。此外天然色粉因為是用蔬果製作，所以會帶有蔬果本身的味道，若添加的份量較多，有時候豆沙吃起來就會有蔬果味。

色膏的調色：

色膏調出來的顏色較為艷麗，可以調出螢光綠、螢光紫等顏色，且調色的過程也較容易，但不容易接近真實花朵的顏色。色膏為無色無味，加多也不影響豆沙的味道與口感。

擠花前須知

開始擠花前，要先了解各種擠花工具的正確使用方式，才能用最少的力氣，擠出最漂亮的花，幫自己的手省力。而且有時錯誤的使用方式，是造成花擠不好的元兇，因此正確使用工具，可以提高擠花的成功率。另外還要熟悉蛋糕組合的基本技巧，讓擠好的花能裝飾出漂亮的蛋糕。

花釘用法：

拿花釘時，以食指和大拇指捏住花釘，其他手指只是輔助，輕輕靠住花釘即可，轉動時以大拇指和食指控制方向，記得大拇指要打橫，能夠轉動的圈數較多。

剪擠花袋與裝花嘴：

擠花袋水平剪即可，洞口的大小只要足夠讓花嘴開口露出來就好，不要一次剪太大。要確定花嘴的開口部分，完全露出來，如果開口部分沒有完全露出來，擠花時豆沙會被袋子擋住，沒辦法表現花嘴的形狀。

裝豆沙：

用刮刀挖取所需豆沙後（約一個拳頭的量），直接塞到擠花袋最前面，然後一手隔著袋子抓住刮刀，另一手將刮刀往外抽，讓豆沙留在袋子裡。

使用刮板：

右手拿著刮板擋在豆沙後方，接著用左手抓住袋子，再把袋子往自己的方向抽，就可以把豆沙集中到袋子前方。

套擠花袋:

準備兩個擠花袋,將袋子分為內袋和外袋,內袋裝豆沙,外袋裝花嘴,使用時將內袋裝入外袋中,若需要換色或換花嘴,只要將內袋抽出即可更換。

擠花袋拿法:

❶ ❷

拿擠花袋時務必將袋子後方轉緊❶,然後用手掌整個握住擠花袋,再將多餘的塑膠袋纏繞在指頭上❷。擠花時盡量維持袋子是緊繃狀態,會讓手更省力,因此記得隨時確認擠花袋的狀態。

花剪用法:

剪取花朵時花剪打開平貼花釘表面,插入花座底部,注意從上方一定要看到花剪最尖端處,接著花剪剪一半,不要完全將花剪閉合,此時輕轉花釘並往外推,即可順利將花朵取下。

如何放花:

剪下來的花可先放置於乾淨的盤子、板子或任何平面上。放花時讓花剪平貼板子,剪刀維持微開狀態,輕輕往下壓並往外抽,花朵就會留在板子上。若花朵無法留在板子上,可以拿一根牙籤,擋在花的後面,再將剪刀抽出。

學完擠花之後，再來要將這些美麗花朵在蛋糕上組合，將原本平凡無奇的蛋糕，變成精緻的藝術品，但在開始之前，要先了解組合基礎技巧，在組合花朵時，比較不容易失敗。此外建議從杯子蛋糕開始練習組合花朵，等到熟悉組合技巧後，組合大蛋糕就會更容易。

基本技巧：

杯子蛋糕修型：

蛋糕有時候烤出來表面會不平整，此時可以拿刀子將蛋糕表面切平，切到和杯子蛋糕邊緣一樣高。

擠底座：

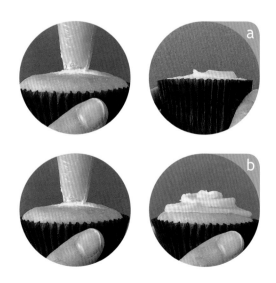

在蛋糕表面擠上適量豆沙，做為底座，也有黏著劑功能，讓花朵固定在蛋糕上。較常使用的底座有兩種，一種是上單顆花朵時的平面底座（a），擠的時候將擠花袋緊貼蛋糕表面，擠出一點豆沙後，壓成一個扁平的圓形即可。

另一種則是在蛋糕上組合多朵花時，需要的金字塔型底座（b），擠底座時將擠花袋緊貼蛋糕外圍，先擠一點豆沙出來，接著邊擠邊往中間繞圈，擠出金字塔型底座，注意底座不要擠得太高，不然花朵放上去之後，很容易掉下來。

拿取花朵：

使用花剪時，要確定剪刀有往前伸到最前面，能夠托住整個花朵的底部，否則有時候剪刀一往上抬，花朵會從剪刀前端掉下去。

修剪花座：

花座若太高需要剪掉，若保留過多花座，會提高整個蛋糕重心，花可能會在組裝或運送過程中會掉下來。修剪花座以不破壞花瓣為原則，盡可能將多餘的花座修剪掉，花剪這時要當成真的剪刀用，因此要確實將花剪伸到最前面，把花座整個剪斷，如果伸的不夠前面，花座會發生剪不斷、或剪不平的情況。

使用牙籤：

左手拿牙籤擋在花朵與蛋糕的中間，接著右手將剪刀抽出，花朵就會留在蛋糕上，注意是將花剪抽出，而不是用牙籤去推花，不然有時候花朵會被牙籤推到變形。

牙籤也可做為調整花朵位置的工具，記得所有調整的動作，都要從花朵底部或側面進行，如果留下牙籤痕跡，可以擠上葉子遮蓋。

擠花基礎篇

列在基礎篇中的花型，擠花步驟重複性較高，花嘴運用的方式也較單純，非常適合用來練習左手轉花釘、右手擠豆沙的協調性與穩定度，並更快熟悉花嘴的使用等，只要先把這些基本技巧練好，後面學中階和進階的花型，就會更容易，也因此這裡的篇幅會比較多是在講解花嘴的角度，以及花型的基本概念。

基礎玫瑰

玫瑰是每次教授基礎課程時，學生覺得最難的花之一，因為雖然擠玫瑰的步驟重複性很高，不過要同時注意的事情比較多，因此剛開始都會覺得比較困難，但也是課程結束後，大家最有成就感的花之一。

花嘴

惠爾通104號

調色

百年草花粉 ／ 花瓣

擠花步驟：

花座

❶　將擠花袋內袋垂直貼緊花釘，先擠出一些豆沙，然後慢慢的把手往上拉，擠出一個圓錐體，約為兩個食指指節高，完成花座。

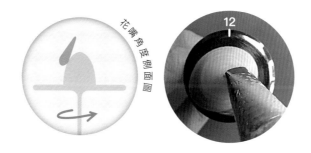

花心

❷　擠花心時，花嘴較寬那端，在12點鐘方向靠著花座的頂端，較窄那端向中心傾斜45度，此時較窄那端會呈現有些懸空的狀態。

❸　右手一邊擠，左手一邊逆時針轉花釘，擠出豆沙像緞帶一樣包覆住花座尖端，留下一個小小的開口，就完成花心了。

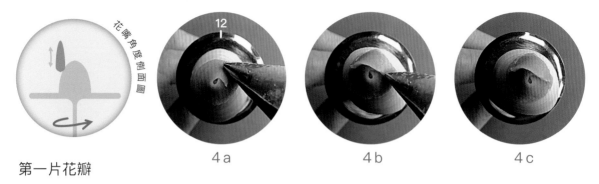

4a　　　　　　4b　　　　　　4c

第一片花瓣

❹　花嘴較寬那頭垂直靠在花座的12點鐘方向，較窄那端保持朝上（a），擠豆沙時，右手維持在原點由下往上、再往下的動作，左手同時逆時針轉花釘（b）。完成第一瓣，此時花瓣應是直立的狀態（c）。

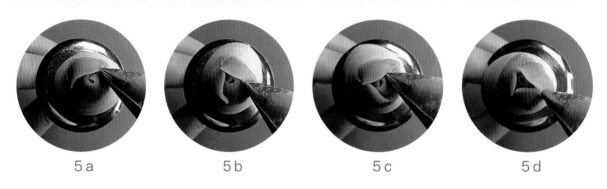

5a　　　　　5b　　　　　5c　　　　　5d

第二、三片花瓣

❺　第二片花瓣花嘴開始點，在第一片花瓣結束的地方（a），但不會和第一片花瓣重疊，接著重複步驟❹兩次，擠出剩下兩片花瓣（b、c），玫瑰花一圈總共有三瓣（d）。

完成第一圈三片花瓣

❻　完成第一圈三片花瓣，都要比花心略高，如果花心露出來，玫瑰花看起來會比較不秀氣，另外每片花瓣側面看起來要是拱型，且彼此相接但不重疊。

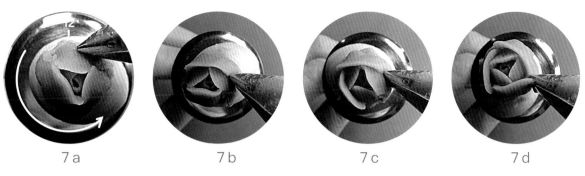

7 a   7 b   7 c   7 d

第二、三圈花瓣

❼ 　為了讓玫瑰看起來自然，第二圈首片花瓣起點，要在前一圈的任一片花瓣中間（a），讓每一圈是交錯的三角形。重複步驟❹兩次。再按照同樣的步驟（b、c），完成第三圈花瓣（d）。

第四圈花瓣

❽ 　第四圈開始，將花嘴較窄那端微微向外傾斜15度，注意花嘴要確定靠到花座，否則擠花瓣的時候，花瓣黏不住花座，會一直掉下來。

❾ 　擠豆沙時，右手同樣要做到在原點由下往上、再往下的動作，左手一邊逆時針轉花釘，可以製造開花的感覺，讓花的姿態更真實、更有層次。

擴張花朵

❿　重複步驟❾把玫瑰慢慢加大，直至玫瑰達到所需要的大小，記得隨著圈數增加，花嘴的起始點也要慢慢降低。若是要在杯子蛋糕上放單顆玫瑰做裝飾，則須將玫瑰加大到和杯子蛋糕面積一樣大。

 小訣竅：

若是從12點鐘方向不順手，可改從6點鐘方向開始擠，花釘變成順時針轉，對初學者來說會比較容易。基本上所有直立型的花朵，都可以改成從6點鐘方向開始擠，大家可以試試。

常見 ! 錯誤

① 花心突出

玫瑰花的前三圈花瓣，側面目視要一樣高，而且三圈都要高過花心，尤其是第一圈的花瓣，才不會讓花朵看起來很不秀氣。

② 花瓣太開

花嘴較窄那頭,從一開始就太倒向外面,會讓花看起來是開過頭要凋謝的狀態,記得開始擠花前要把花嘴角度抓對。

③ 花像竹筍

代表每一圈花瓣的高度,和前一圈差距過大,記得花瓣前三圈要一樣高,隨著開花的效果,花瓣的高度才會慢慢地降低。

④ 外面幾圈花瓣黏在一起

後面幾圈手拉得太高,變成外圈的花瓣比內圈的花瓣還高,才會導致後面花瓣都黏在一起,記得隨著圈數增加,花嘴起始點要慢慢降低。

玫瑰花苞

花朵迷人之處,在於每個階段都有不同的美,從含苞待放、初綻放、盛開、凋謝等,都有各自的魅力,如果能夠將不同姿態的花,組合起來在同個蛋糕上,會讓蛋糕看起來更多變與自然。

花嘴	調色
惠爾通104號	甜菜根粉 + 可可粉 / 花瓣

擠花步驟：

花座

❶　將擠花袋內袋垂直貼緊花釘，先擠出一些豆沙，然後慢慢的把手往上拉，擠出一個圓錐體，約為兩個食指指節，完成花座。

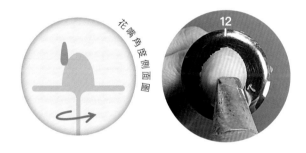

花嘴角度側面圖

花心

❷　擠花心時，花嘴較寬那端，在12點鐘方向靠著花座的頂端，較窄那端向中心傾斜45度，此時較窄那端會呈現有些懸空的狀態。

❸　右手一邊擠，左手一邊逆時針轉花釘，擠出來的豆沙，會像緞帶一樣包覆住花座尖端，留下一個小小的開口，就完成花心了。

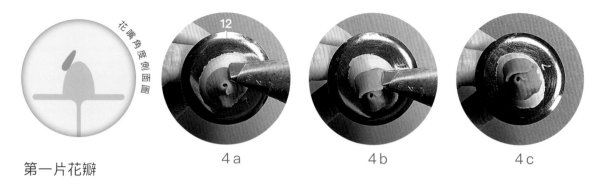

第一片花瓣

4a   4b   4c

❹ 花嘴較寬那端，輕靠在花座12點鐘方向，較窄那端向花心傾斜30度（a），擠豆沙時，右手在原點由下往上、再往下的動作，左手同時逆時針轉花釘（b）。完成第一片花瓣，此時花瓣應該是向花心傾倒的角度（c）。

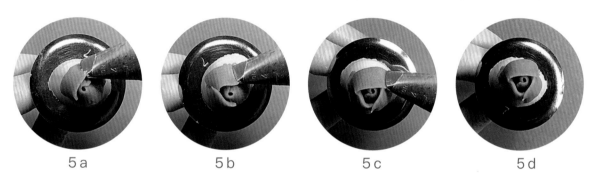

5a   5b   5c   5d

第二、三片花瓣

❺ 第二片花瓣，花嘴的開始點在第一片花瓣結束的地方（a），重複步驟❹（b）兩次，一圈總共要有三瓣（c）。完成第一圈，要比花心略高（d），記得每一片花瓣彼此相接但不重疊。

6a   6b   6c   6d

第二圈花瓣

❻ 為了要讓玫瑰看起來自然，第二圈首片花瓣起始點，要在前一圈花瓣的中間（a），這樣擠出來的花瓣，才會每一圈都是交錯的三角形（b~d）。

擴張花朵

❼　重複步驟❹直到花苞達到所需大小，記得花苞的大小，一定要比基礎玫瑰小，這樣一起放在蛋糕上，整體比例才會正確。

常見 ！ 錯誤

① 花瓣太開

花嘴較窄那頭從一開始就向外倒，讓花看起來是開過頭，記得擠花苞時，花嘴較窄那頭要向花心倒，而不是往外。

② 花瓣太過直立

花嘴較窄那頭，沒有向中心傾斜30度，這樣的花看起來就像一般玫瑰，而不像花苞了，記得開始擠花前要把花嘴角度抓對。

捲邊小玫瑰

捲邊小玫瑰和基礎玫瑰擠法幾乎相同，不過因為整體較小，所以感覺會比較簡單，此外因為使用的是97號花嘴，所以花瓣頂端會有微微往外翻的效果，和使用一般玫瑰花嘴擠出來的小玫瑰不太一樣。

花嘴	調色
惠爾通97號	甜菜根粉 / 花瓣

擠花步驟：

花座

❶ 將擠花袋內袋垂直貼緊花釘，先擠出一些豆沙，然後慢慢的把手往上拉，擠出一個小的圓錐體，約為一個食指指節，完成花座。

花嘴角度側面圖

花心

❷ 擠花心時，花嘴較寬那端，在12點鐘方向靠著花座的頂端，較窄那端向中心傾斜45度，此時較窄那端會呈現有些懸空的狀態。

❸ 右手一邊擠，左手一邊逆時針轉花釘，擠出豆沙像緞帶一樣包覆住花座尖端，留下一個小小的開口，就完成花心了。

4a 4b 4c

第一片花瓣

❹ 接著將花嘴較寬那頭，垂直靠在花座12點鐘方向，較窄那端朝上（a），擠豆沙時，右手維持在原點由下往上、再往下的動作，左手同時逆時針轉花釘（b）。完成第一瓣，此時花瓣應是直立的狀態（c）。

5a 5b 5c 5d

第二、三片花瓣

❺ 第二片花瓣，花嘴的開始點在第一片花瓣結束的地方（a），重複步驟❹（b）兩次，一圈總共要有三瓣（c）。完成第一圈三片花瓣，都要比花心略高（d），如果花心露出來，捲邊小玫瑰看起來會比較不秀氣，另外每片花瓣側面看起來要是拱型，且彼此相接但不重疊。

6a 6b 6c 6d

第二圈花瓣

❻ 為了要讓捲邊小玫瑰的花型看起來自然，第二圈首片花瓣起始點，要在前一圈花瓣的中間（a），讓兩圈的花瓣是交錯的三角形（b~d）。

❼　重複步驟❹兩次，捲邊小玫瑰總共三圈，三圈都要一樣高。捲邊小玫瑰是屬於花苞的狀態，因此不需要像大玫瑰做開花的步驟，三圈的花瓣都要是直立的。

常見 ❗ 錯誤

① 花心突出

玫瑰花的前三圈花瓣，側面目視要一樣高，而且三圈都要高過花心，尤其是第一圈的花瓣，才不會讓花朵看起來很不秀氣。

② 花瓣太開

花嘴角度一開始就太往外倒，導致花瓣會像開過頭的了，記得開始擠花前要把花嘴角度抓對，花嘴的角度要垂直朝上。

蘋果花

別看蘋果花小小一朵好像不起眼，放在大蛋糕上會有畫龍點睛的效果，而且一大群蘋果花放在一起，做成杯子蛋糕，可愛度爆表啊！

花嘴

惠爾通103號

惠爾通2號

調色

青梔子粉 + 百年草花粉 ／ 花瓣

擠花步驟：

花座

❶　將103花嘴側面平貼在花釘上，較寬那端朝向自己，靠在花釘圓心，較窄那端朝向外圍，右手一邊擠，左手將花釘以逆時針的方向旋轉，總共要轉兩圈。

❷　製作出兩個重疊的圓形，就是花座，記得花座的厚度要夠，這樣最後要剪下蘋果花時，會比較容易操作。

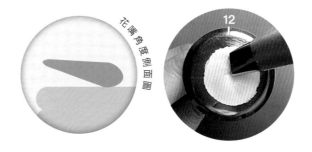

第一片花瓣

❸　在花座上先找出圓心，右手將花嘴較寬那端朝向自己，輕輕壓在圓心上，較窄那端朝著外圍並微微上翹15度。

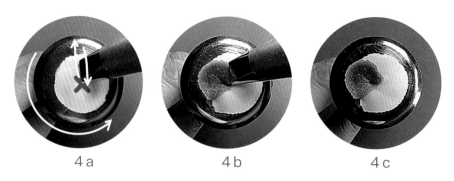

4 a   4 b   4 c

❹ 擠花瓣時，花嘴從圓心朝著12點鐘方向輕輕推出去（a），再沿同一直線拉回到圓心（b），左手同時逆時針旋轉花釘，完成第一片花瓣（c）。

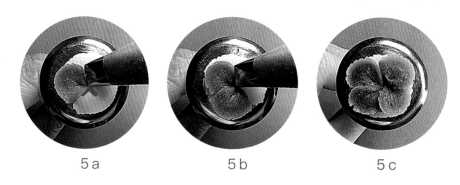

5 a   5 b   5 c

❺ 擠第二片花瓣時，花嘴較寬那端輕輕靠在同一個圓心（a），花嘴較窄那端，要放的比第一片花瓣低（b），然後重複步驟❹動作三次，完成四片花瓣（c）。

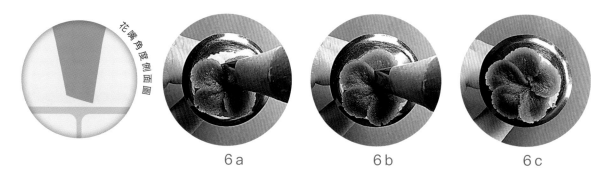

6 a   6 b   6 c

❻ 要擠第五片花瓣時，為了避免壓到已經做好的第一片花瓣，要把花嘴整個直立（a），一樣較寬那端朝向自己靠在圓心（b），較窄那端朝著外圍，然後從圓心往外推，再拉回圓心，完成第五片花瓣（c）。

花嘴角度側面圖

7 a   7 b   7 c

❼ 將2號花嘴直立（a），用未調色豆沙，在靠近圓心的地方，擠出三個圓點就是花心（b），記得擠的時候，輕輕碰到花瓣即可，不要壓得太大力，三個圓點越靠近圓心（c），越有集中視覺的效果，能矯正花心不準的問題。

常見 ❗ 錯誤

① 花心不準

擠花瓣時，花嘴都沒有點在同一個圓心，這樣擠出來的花看起來有點在旋轉的感覺，不過這可以靠擠上花心補救，記得花心的三點要越靠近中心，越可以彌補花瓣圓心不準的問題。

② 花瓣中間有洞

右手往外推的太多、或是左手沒有轉花釘，才會導致花瓣中間出現一個洞，記得蘋果花是尺寸較小、較秀氣的花，所以手往前推的幅度不用太大，只要可以做出花瓣的圓弧即可。

小雛菊

路邊常見的小雛菊，最適合做成擠花放在大蛋糕上做配花，填補主花間的空隙，不過因為花瓣常用未調色豆沙製作（這裡為了方便示範，所以用青梔子調色），所以要讓小雛菊看起來有層次的訣竅，就是要使用黃色和綠色來做花心。

花嘴

惠爾通103號

惠爾通23號

調色

青梔子粉
/ 花瓣

青梔子粉+
黃梔子粉
/ 花心

黃梔子粉
/ 花心

擠花步驟：

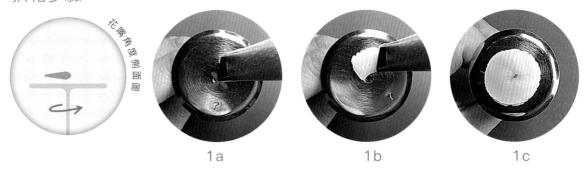

1a   1b   1c

花座

❶ 103花嘴側面平貼在花釘上，較寬那端朝向自己，靠在花釘的圓心（a），較窄那端朝向外圍，右手一邊擠（b），左手將花釘以逆時針的方向旋轉，總共要轉兩圈（c）。

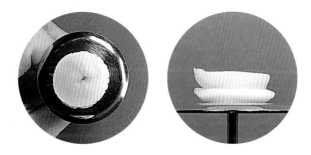

❷ 製作出兩個重疊的圓形，就是花座，記得花座的厚度要夠，等一下用花剪要將小雛菊剪下來時，會比較容易。

第一片花瓣

❸ 花嘴側面平貼在花座上，花嘴較寬那端朝向自己，在12點鐘方向靠在圓形花座的外圍，接著右手一邊擠、左手一邊逆時針轉花釘。

4 a   4 b   4 c

❹　擠出一小段花瓣之後（a），左手停止轉花釘，右手邊擠邊將花嘴沿直線往至圓心（b），完成的花瓣從正上方看起來，會像是阿拉伯數字7（c）。

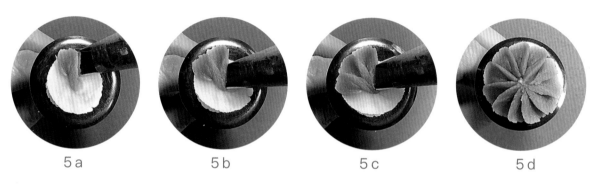

5 a   5 b   5 c   5 d

完成一整圈花瓣

❺　擠第二片花瓣時，花嘴較寬那一樣平貼在圓形花座的外圍，不過花嘴要放在第一片花瓣後面（a），接著重複步驟❸和❹，直到完成一整圈花瓣（b~d），記得每一次花嘴都要拉回至同一個圓心。

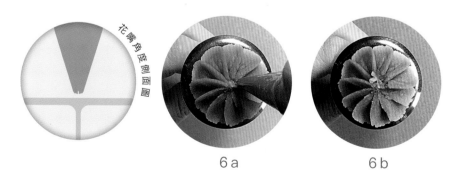

6 a   6 b

第一個花心

❻　23號花嘴直立靠在花心上（a），用混合黃色和綠色的豆沙，擠出一點豆沙後，再輕輕往花心壓一下，切斷豆沙，這樣就完成第一個花心（b）。

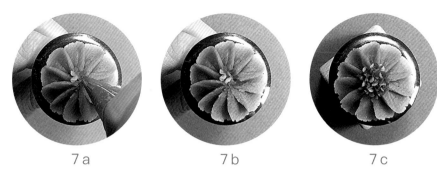

7 a　　　　　　7 b　　　　　　7 c

完成花心

❼　花嘴用同樣的角度，直接壓在第一個花心的三分之一處（a），一樣先擠一些豆沙，再輕輕往下壓，完成第二個花心（b），接著重複這個步驟，直至花心是一個完整的圓型（c），這裡要注意，花心的範圍不要擠得太大，才不會讓小雛菊比例看起來很怪。

常見 ！ 錯誤

① 所有花瓣糊在一起

擠第二片花瓣時，記得花嘴位置要在第一片花瓣的後面，而不是上方，不然新擠出來的花瓣，會直接蓋住前一片花瓣，做不出花瓣的層次。

② 花瓣直立

花嘴沿直線拉回圓心時，如果右手停止擠豆沙，就會把擠好的花瓣，拉扯到站立起來，花瓣就不會看起來像阿拉伯數字7，記得右手往圓心拉時，仍要持續擠豆沙的動作。

繡球花

色彩琳瑯滿目、造型圓潤的繡球花，受到不少女性喜愛，也因為這兩個特性，在製作擠花蛋糕時，若能適時以繡球花點綴，能夠大幅提升蛋糕的精緻度與完成度。

花嘴

惠爾通352號

惠爾通2號

調色

青梔子粉
／ 花瓣

南瓜粉
／ 花瓣

擠花步驟：

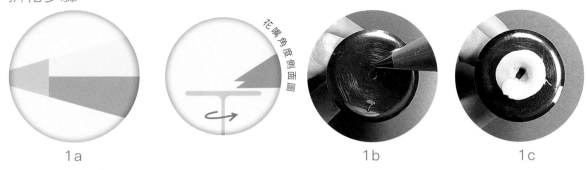

1a　　　　　　　　　　　　　　　1b　　　　　　1c

花座

❶ 將黃色和藍色豆沙，依照圖示裝入擠花袋內（a），再裝上352號花嘴，接著把花嘴凹口朝著水平兩側，其中一個尖角靠在花釘上，另一個尖角懸空（b），然後右手一邊擠，左手同時逆時針轉動花釘，製作花座（c）。

2a　　　　　　　　2b　　　　　　　　2c

❷ 製作兩個重疊的圓形（a），再擠一些豆沙把中間的洞補起來（b）。才算完成花座（c），記得花座的厚度要夠，最後在剪取花朵時會更容易。

第一片花瓣

❸ 擠花瓣時，352號花嘴凹口朝著水平兩側，其中一個尖角靠在花座中心3點鐘方向，另一個尖角呈現懸空狀態。

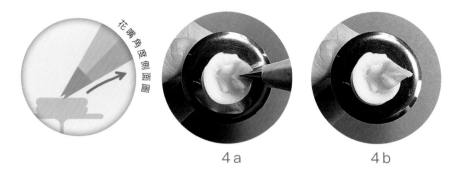

4a　　　　　　4b

❹ 右手先擠一點豆沙，形成一個底座後，再輕輕從中間往右上方拉（a），到花瓣呈現菱形後，快速的往外抽，就完成第一片花瓣（b），注意左手花釘都不用轉。

5a　　　　　5b　　　　　5c　　　　　5d

第二～第四片花瓣

❺ 將完成的花瓣轉至12點鐘方向，接著花嘴放在同一個圓心（a），但位置是在第一片花瓣的上方，然後重複步驟❸和❹（b、c）共三次、完成繡球花四片花瓣（d），這時整個花型看起來是一個大的菱形。

6a　　　　　　6b　　　　　　6c

花心

❻ 將2號花嘴直立（a），用未調色的豆沙，在正中心的地方，擠出一個圓點，就是花心（b），花心不要擠得太大（c），會讓繡球花比例看起來很怪異。

小訣竅：

可以隨時調整花嘴的角度，會讓花瓣有不同的漸層顏色。

常見 ！ 錯誤

① 花瓣過長

擠花瓣時右手太急著往外拉會造成花瓣過長，記得先在中心停留一下下，才能製造出三角形的花瓣。

② 四瓣擠完還有很多空位

四個花瓣的位置或大小沒有分配好，記得每個花瓣要剛好佔花座的1/4，每次擠花瓣之前，要將前一個花瓣轉到正上方。

③ 花心旁的空洞太多

花瓣開始的點離中心太遠，導致中間的洞太大，擠上花心也補不滿。

菊花

很多人都不知道，菊花除了代表長壽和吉祥外，花語還有「我愛你」的意思，含意非常浪漫，甚至在「浮士德」劇中，也出現少女手拿菊花，一邊拔花瓣，一邊問著「他愛我？」、「他不愛我？」，直到拔光所有花瓣，藉此來占卜愛情。

花嘴	調色
惠爾通79號	青梔子粉 + 南瓜粉 ／ 花瓣

擠花步驟：

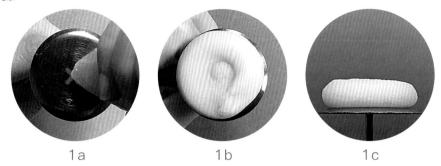

1a 　　　　　　　 1b 　　　　　　　 1c

花座

❶ 將擠花袋內袋垂直貼著花釘中心（a），右手一邊擠豆沙，一邊從中心往外畫圈（b），擠出約一個食指指節厚的圓形平台（c），就是花座。

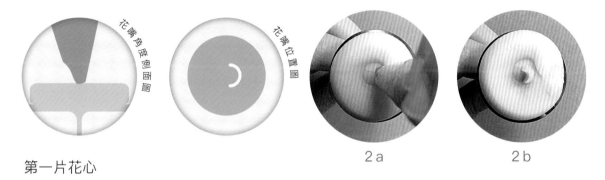

2a 　　　　　　　 2b

第一片花心

❷ 擠花心時，81號花嘴垂直貼著花座中心（a），凹口處面向左邊，右手邊擠豆沙邊垂直往上拉，左手維持不動，擠出一片高約0.5公分的花瓣（b），完成第一片花心。

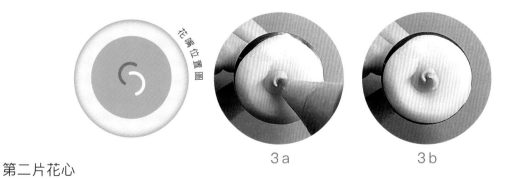

3a 　　　　　　　 3b

第二片花心

❸ 將第一片花心轉至開口朝向右下，將花嘴插在開口處，重複步驟❷（a），完成第二片花心（b）。

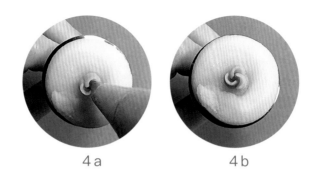

4 a   4 b

第三片花心

❹ 再將第二片花心轉至開口朝向右下，同樣將花嘴插在開口處（a），再重複步驟❷，完成第三片花心（b）。

5 a   5 b

第一片花瓣

❺ 菊花的外圍花瓣，會與花心呈現交錯，因此擠花瓣時，花嘴必須放置在兩片花心交錯處，花嘴直立並向外傾斜15度，凹口處朝著左邊（a），邊擠豆沙邊往上拉，完成第一片花瓣（b）。

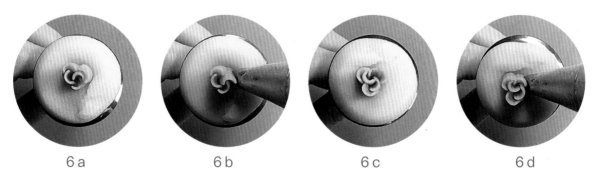

6 a   6 b   6 c   6 d

完成第一圈花瓣

❻ 重複步驟❺（a、b）兩次，完成第一圈花瓣（c），此時所有花瓣都應與花心呈現交錯狀態（d）。

7 a　　　　　7 b　　　　　7 c

擴張花朵

❼　第三圈開始，花嘴直立向外傾斜45度（a），重複步驟❺三次，完成第二圈
花瓣（b）。接著重複這個步驟，慢慢把花加大直到需要的大小（c），記得後
一圈花瓣都要與前一圈花瓣交錯。

常見 ❗ 錯誤

① 花心沒有交錯
擠完第一片花心後，記得把第一片花心開口轉向右
下方，並將花嘴插在凹口處。

② 花瓣排列過於整齊
記得第二圈開始，新花瓣都要與前一圈花瓣交錯，
因此要確實將花嘴放在花瓣交界處。

藍盆花

藍盆花又稱為松蟲草或輪鋒菊，花體本身是由許多小花所組成，不過一般來說，製作基礎型藍盆花時，會以一片花瓣來代表一朵小花，所以整體花型會比較大，因此通常都會直接擠在杯子蛋糕上，蓋住蛋糕體，漂亮又大氣。

花嘴

惠爾通104號

惠爾通2號

調色

青梔子粉 ／ 花瓣

擠花步驟：

1a   1b   1c

標記蛋糕圓心

❶ 將藍色和白色豆沙，依照圖示裝入擠花袋內（a）。104花嘴較窄那端對著白色豆沙部分。將杯子蛋糕頂端切平（b），然後用104花嘴在蛋糕中心點擠出一小段豆沙當圓心（c），之後每片花瓣都要從這個點出發，並回到這個點。

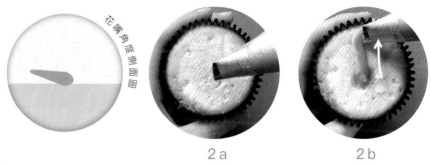

2a   2b

第一片花瓣

❷ 104花嘴較寬那端輕輕靠在圓心上（a），較窄那端朝向外圍，並微微向上翹15度（b），接著右手一邊擠，一邊從圓心垂直往杯子蛋糕邊緣推。

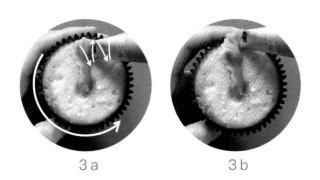

3a   3b

❸ 花嘴往前推至快碰到杯子蛋糕邊緣前，右手開始邊擠邊輕輕前後移動（a），製造出花瓣的皺褶，左手逆時針輕轉杯子蛋糕，讓花瓣圓起來（b）。

4 a   4 b   4 c

❹ 確定花瓣碰到杯子邊緣後，右手開始往圓心拉回來（a），此時一樣要前後輕輕移動（b），但左手不用轉杯子蛋糕（c）。

5 a   5 b   5 c

完成第一圈花瓣

❺ 第二片花瓣也必須從同一個圓心開始，但花嘴必須落在第一個花瓣的下方（a），重複步驟❸和❹，直到在杯子蛋糕上擠出第一圈花瓣（b、c），記得每片花瓣都必須在前一片花瓣的下面，除了最後一瓣會略為壓在第一片花瓣上，整個蛋糕從正上方看是圓型的。

6 a   6 b   6 c

完成第二圈花瓣

❻ 第二圈花瓣要和第一圈交錯，而且要比第一圈短，所以花嘴開始的點，要在前一圈的兩片花瓣中間（a），接著重複步驟❸和❹（b），完成第二圈花瓣（c），注意花瓣要擠的比第一圈的短。

7 a   7 b   7 c

❼　繼續重複步驟❸和❹，完成第三圈花瓣（a,b），第三圈花瓣也要比第二圈更短（c），這樣整個蛋糕看起來才會層次非常分明。

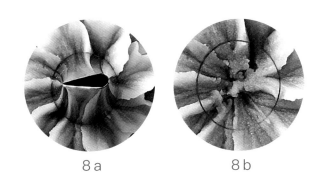

8 a   8 b

花心定位

❽　用103號花嘴的反面，在花的正中間輕輕壓出一個圓（a），做出花心的範圍（b），等等花心都要擠在這個範圍內，才會比較圓。

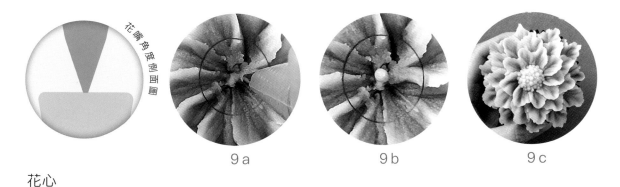

9 a   9 b   9 c

花心

❾　將2號花嘴直立（a），用未調色的豆沙，在這個範圍內擠滿一顆一顆圓點，就是花心（b），記得每顆花心都要接在一起，不要中間有空隙（c），看起來會很像花「禿頭」了，此外為了要讓花心更有立體感，記得中間的花心要多擠幾層墊高。

基礎葉子

千萬別小看葉子，葉子就像女生的化妝品，能夠化腐朽為神奇，除了填補空隙、遮掩缺點，還可以增加立體感，讓蛋糕看起來更完美。

花嘴

惠爾通352號

調色

青梔子粉 + 黃梔子粉

擠花步驟：

1a　　　　　　　　　　　　　　　　1c　　　　　　　1d

葉脈

❶ 綠色和黃色豆沙，依照圖示比例裝入擠花袋內（a）。將352號花嘴凹口朝著水平兩側，右手先擠出一些豆沙，形成一個小三角形。接著右手邊擠邊快速的前後來回移動，製作葉脈（b）。擠到所需的葉片長度後，右手停止施力再快速往外抽，製造尖尖的葉尾（c）。

❷ 若要擠出直立的葉子，則需要花嘴凹口處朝著上下兩側。

常見 ！ 錯誤

① 葉尾過長
記得右手要先停止施力再往外抽，才不會造成葉尾特別長。

玫瑰杯子蛋糕

組合步驟：

1 將蛋糕切到與杯子蛋糕邊緣一樣平，然後用豆沙擠出一個平面底座型，注意底座不要擠得太高，否則花看起來會像浮在半空中。

② 用花剪將玫瑰放在蛋糕正中心，用牙籤擋住花朵，再將花剪抽出，讓花留在蛋糕上，記得是將花剪抽出，而不是用牙籤推花朵，因為用牙籤推花朵有時會造成花朵變形。

③ 如果有需要，用牙籤從底下或旁邊調整花朵位置，絕對不要從花朵的正上方做調整，否則花瓣很容易被牙籤破壞，或是留下調整過的痕跡。

④ 在花朵底下擠葉子，可只擠兩片做裝飾，或是擠一圈蓋住杯子蛋糕邊緣，但注意葉子不要拉的太長，會破壞整體比例（葉子擠法請參考P60頁）。

⑤ 完成的杯子蛋糕，這裡只擠兩片葉子的裝飾方式，會稍微露出杯子蛋糕表面，如果不想露出蛋糕表面，可以將葉子擠滿，或是預先在杯子蛋糕表面，抹上一層白豆沙遮蓋。

還可以這樣做：
擠好的菊花，因為尺寸也屬於較大的花，也可拿來做單顆杯子蛋糕，作法只要重複步驟①到④，就可完成菊花杯子蛋糕。

捲邊小玫瑰花束杯子蛋糕

組合步驟：

❶ 將蛋糕切平，擠上豆沙底座，側面看是金字塔型。

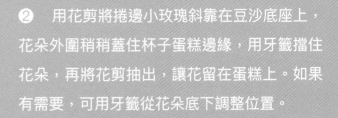
❷　用花剪將捲邊小玫瑰斜靠在豆沙底座上，花朵外圍稍稍蓋住杯子蛋糕邊緣，用牙籤擋住花朵，再將花剪抽出，讓花留在蛋糕上。如果有需要，可用牙籤從花朵底下調整位置。

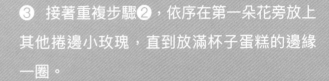
❸　接著重複步驟❷，依序在第一朵花旁放上其他捲邊小玫瑰，直到放滿杯子蛋糕的邊緣一圈。

❹　將中間空洞補上適量豆沙，記得豆沙不要擠太多，會讓中間的花朵顯得太高，接著用花剪將花朵斜放在空洞上，此時花剪的角度必須是斜的，才不會壓到其他花朵，接著用牙籤輕推花朵，並將花剪斜著抽出來。

❺　在空洞處補上葉子，大空間補大葉子，小空間補小葉子（葉子擠法請參考P60頁）。

還可以這樣做：
體積較小、數量較多的小雛菊、蘋果花、繡球花也可做成多顆花朵杯子蛋糕，每個杯子蛋糕可放約六到七顆擠花，會因擠花大小而有所不同，花越小放上去的數量就越多。作法只要重複步驟❶到❺，就可完成多顆花朵杯子蛋糕。

玫瑰捧花杯子蛋糕

組合步驟：

❶ 將蛋糕切平，擠上豆沙底座，側面看是金字塔型。

❷ 用花剪先將小顆的基礎玫瑰斜靠在豆沙底座上，花朵外圍稍稍蓋住杯子蛋糕邊緣，用牙籤擋住花朵，再將花剪抽出，讓花留在蛋糕上。如果有需要，可用牙籤從花朵底下調整位置。

❸ 接著重複步驟❷，依序在基礎玫瑰旁放上玫瑰花苞，每朵花中間留下些微空隙，直到花朵放滿杯子蛋糕邊緣。

❹ 用352花嘴在空洞處補上葉子，記得中央空隙較大處，須補上大葉子，或可用兩片小葉子填補，葉子大小以不蓋住花朵為原則，蛋糕周圍的空隙，則補上小葉子，注意葉子長度不要太長，否則會破壞整體比例（葉子擠法請參考P60頁）。

👆 還可以這樣做：

體積相似的小顆擠花，如捲邊小玫瑰和蘋果花、玫瑰花苞和繡球等，都可以放在一起搭配，會讓杯子蛋糕看起來更多變活潑，每個杯子蛋糕可放約六到七顆擠花，會因個人擠花的大小而有所不同。作法只要重複步驟❶到❺，就可完成混合花朵杯子蛋糕。

擠花中階篇

有了基礎篇的知識與技巧後，再來要學變化性較高的花型，這裡擠花的動作不再只是高度重複，而會加上一些「搖」、「推」、「切」和「拉」的動作，再配合左手轉花釘，可以製作更多樣化且華麗的花瓣，也會讓花瓣看起來更自然生動。

金杖球

這幾年乾燥花再度流行，其中常常被拿來當配花的「金杖球」，因為搶眼的顏色、圓滾滾的造型，加上很正向的花語「希望」，受到不少人喜愛。擠好的金杖球，也是填補蛋糕空隙的好幫手，常常被用來替代葉子。

花嘴	調色
惠爾通2號	黃梔子粉 + 可可粉 / 花瓣

擠花步驟：

花座

❶ 擠出約一個食指指節高的圓球體，完成花座，記得花座高度一定要夠，不然擠出來的金杖球也會扁扁的，不夠圓潤可愛。

花嘴角度側面圖

第一個圓球

2a　2b

❷ 將花嘴直立貼在花座中心（a），然後一邊擠一邊慢慢往上，擠到需要的大小後，右手先停止施力，然後輕輕畫圈，可避免圓球尾端出現尖角。完成第一個小圓球（b）。

3a　3b　3c

擴張花朵

❸ 第二個小圓球，需要緊靠第一個小圓球（a），之後以此類推。慢慢將金杖球加大到所需的大小，注意每顆球體必須靠在一起（b），才能將花座遮住（c）。

康乃馨

最能代表母親節的花，非「康乃馨」莫屬，每次看到花市擺滿各色康乃馨，就知道母親節快到了。如果能在母親節，親手為媽媽做顆康乃馨蛋糕，相信會是意義非凡的母親節禮物。

花嘴

韓國手工玫瑰花嘴

調色

百年草粉 + 可可粉 ／ 花瓣

擠花步驟：

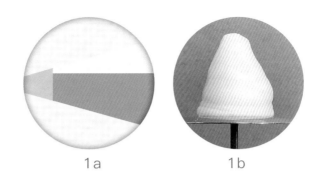

1a　　　　　　　　1b

第一片花瓣

❶　依圖示比例將粉紅色與白色豆沙裝入擠花袋內（a），花嘴較窄那端朝著白色部分。在花釘上擠出約兩個食指指節高的圓錐體（b），完成花座。

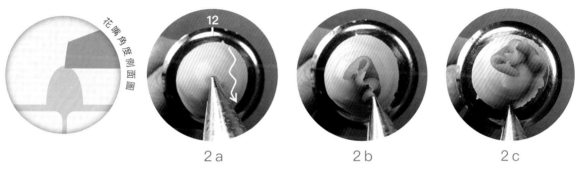

花嘴角度側面圖

2a　　　　　　　2b　　　　　　　2c

第一片花瓣

❷　將花嘴直立，較窄那端向上朝著12點鐘方向，較寬那端插入花座中心（a），開始擠豆沙後，右手左右輕搖花嘴並同時往下拉（b），此時左手要逆時針轉花釘，右手拉到底（c），完成第一片花瓣。

3a　　　　　　　3b　　　　　　　3c

中心三片花瓣

❸　重複步驟❷兩次，完成中心三片花瓣（a、b），此時三片花瓣從正上方看應是放射狀（c），且三片花瓣間距應相同。

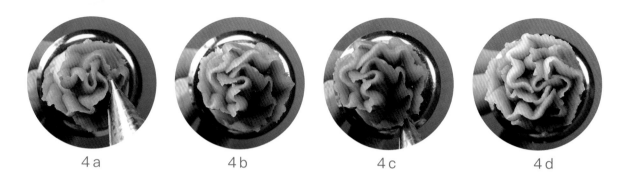

4 a   4 b   4 c   4 d

中心第四至第六片花瓣

❹ 第四片花瓣，花嘴開始的點，要夾在前面任兩片花瓣的中間（a），接著再重複步驟❷共三次，完成中心六片花瓣（b~d）。

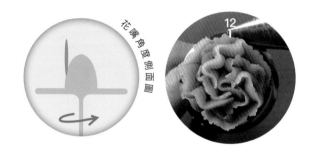

外圍第一片花瓣

❺ 接著花嘴較寬那端，於12點鐘方向輕靠在花座底部，花嘴較窄那端朝上，並向外圍傾斜約15度。

6 a   6 b

❻ 擠豆沙時，右手維持在原點由下往上再往下的動作（a），左手同時逆時針轉花釘，完成外圍第一片花瓣（b）。

7a 7b 7c

擴張花朵

❼ 重複步驟❻（a、b）共四次，完成外圍第一圈共五片花瓣（c），注意五片花瓣都要和中心部份同樣高。若有需要，重複以上步驟將花加大，直到花朵達到所需的大小。

常見 錯誤

① 中心六片花瓣分配不均
六片花瓣彼此間距不同，記得擠每片花瓣前，需要
確認彼此間距都相同。

② 六片花瓣沒有集中到中心
擠中心前三片花瓣時，花嘴要從同一個圓心開始，
後面三片則要盡量靠向中心。

包型牡丹

牡丹居百花之首被稱為「花王」，因為雍容華貴且多變的姿態，自古以來深受文人雅士的喜愛，也時常出現在各式花禮中。不過牡丹種類繁多，這裡先教大家從最簡單的做起。

花嘴

惠爾通61號

調色

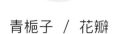

青梔子 / 花瓣

擠花步驟：

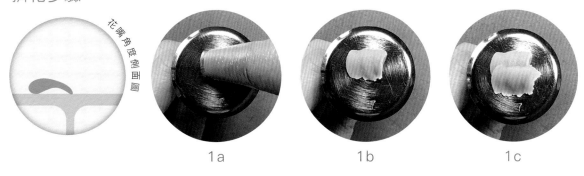

1a　　　　　　1b　　　　　　1c

花座

❶　將花嘴凹口部分緊貼花釘（a），然後擠出兩小段平行的豆沙（b、c），完成正方形花座，記得底座厚度一定要夠厚，最後剪花時會比較容易。

2a　　　　　　2b　　　　　　2c

花朵中心圓圈

❷　花嘴較寬那端，在3點鐘方向輕靠花座外圍，較窄那端保持離中心約30度（a），右手一邊擠豆沙，左手慢慢的逆時針轉花釘（b），讓豆沙在中心形成一個有皺褶的圓圈（c）。

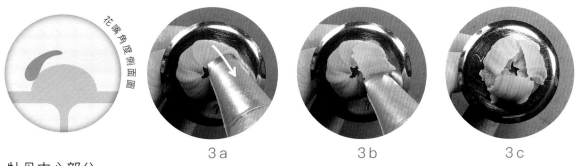

3a　　　　　　3b　　　　　　3c

牡丹中心部分

❸　花嘴保持30度，左手不轉花釘（a），用右手在圓圈上擠出三小段豆沙（b），形成一個正三角形（c），注意每片花瓣必須分開，而且都是直線，而不是圓弧形。

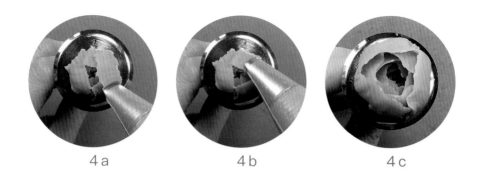

4 a   4 b   4 c

❹　重複步驟❸（a、b）三至四次，完成包型牡丹中心部分（c），記得每圈的三角形要互相交錯，而且彼此中間都要有些空隙，不要全部疊在一起。

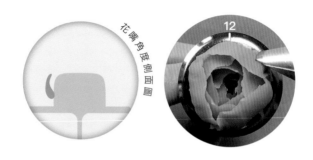

花嘴角度側面圖

外圍花瓣

❺　花嘴較寬那端在12點鐘方向輕靠花朵底部外圍，較窄那端垂直朝上。

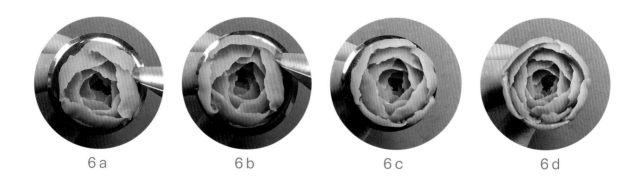

6 a   6 b   6 c   6 d

❻　擠豆沙時，右手維持在原點由下往上再往下的動作（a、b），左手同時逆時針轉花釘，重複這個步驟五次，完成外圍的一圈花瓣（c），通常包型牡丹外圍會有兩到三圈花瓣（d）。

常見 ! 錯誤

① 花瓣呈現圓弧形

擠花瓣時，右手不要繞花座擠，要直接水平移動，
在花座上拉出直線，曾能製造牡丹複瓣的感覺。

② 花瓣分層不明顯

花嘴較窄那頭，擠花瓣時沒有保持往上翹30度，
所以擠出來的花瓣，全部疊在一起，看起來層次不
明顯，花型的感覺也不對。

③ 外圈花瓣太開

擠外圈花瓣時，較窄那頭切記是垂直朝上，不
能向外圍倒。

洋桔梗

洋桔梗的英文名稱為「EUSTOMA」，在希臘語中代表美麗、漂亮的意思，非常適合送給喜歡的對象，表達自己的仰慕之意。擠洋桔梗的花瓣，一定要帶些許波浪，會更像真實的花朵。

花嘴

韓國手工玫瑰花嘴

惠爾通2號

調色

甜菜根粉
/ 花瓣

南瓜粉 +
青梔子粉
/ 花心

擠花步驟：

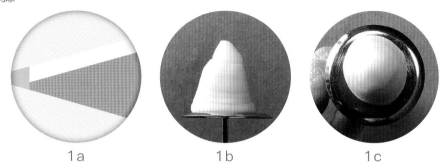

1a   1b   1c

花座

❶ 依圖示比例將粉紅色與白色豆沙裝入擠花袋內（a），手工玫瑰花嘴較窄那端朝著粉紅色部分（b）。用擠花袋擠出約兩個食指指節高的圓錐體（c），完成花座。

花嘴角度側面圖

花心

2a   2b   2c

❷ 將2號花嘴直立（a），用綠色豆沙在花座最高點，先擠出一根長約1公分的花心（b）。再以這根花心為中心點，在周圍擠出四根花心，完成花心部分，從正上方看，五根花心的根部必須盡量靠近（c），前端則需要自然地朝著不同方向。

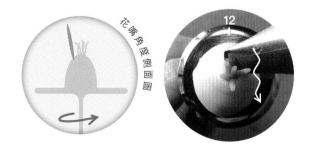

花嘴角度側面圖

第一片花瓣

❸ 將手工玫瑰花嘴較寬那端，於花釘12點鐘方向輕靠在花座接近花心處，越靠近花心越好，較窄那端向外圍傾斜約15度。

4 a   4 b   4 c

❹ 右手先擠出一些豆沙，隨即快速往上拉到高度超過花心處（a），接著右手左右輕搖，然後向下拉到花座底部（b），記得左手都要快速逆時針轉花釘，完成第一片花瓣（c）。第一片花瓣長度為一整圈，並且必須完整包覆花心底部，將花座部分隱藏起來。

第二片花瓣

❺ 桔梗每片花瓣都是交錯的，因此第二片花瓣開始，每片花瓣起始點，花嘴都必須落在前一片花瓣的中間。

擴張花朵

❻ 重複步驟❹和❺，直到桔梗達到所需的大小，一般來說桔梗會有七到九片花瓣，每一片的層次都非常分明。

常見 ! 錯誤

① 中心花座露出來

第一片花瓣離花心太遠，擠第一片花瓣時，花嘴越
靠近花心越好，另外擠第一片花瓣時，左手轉的速
度一定要夠快，否則花瓣會往外翻，一樣沒辦法把
花座部分蓋住。

② 花瓣沒有層次

右手沒有做到往上往下的動作，而是開始和結束，
都落在同一個高度。這樣的花看起來會像蚊香，而
且過於扁平。

③ 前三片花瓣落差太大

第二片和第三片花瓣，右手上拉高度不夠，另外第
二片和第三片花瓣，花嘴開始的點太低。

陸蓮花

陸蓮花以多重花瓣著稱，常常把它和玫瑰或牡丹搞混，這裡教大家用比較簡潔的方法，來表達陸蓮花複瓣的特性，也更容易和其它花種做出區別，此外因為用這種方法做出來的陸蓮花尺寸較小，因此也更方便和其他擠花做搭配。

花嘴

惠爾通103號

惠爾通2號

調色

南瓜粉 / 花瓣

擠花步驟：

花座

❶ 擠出約一個食指指節高的圓錐體，完成花座，花座不要擠得太大或太高，不然擠出來的陸蓮花很容易變得太大顆。

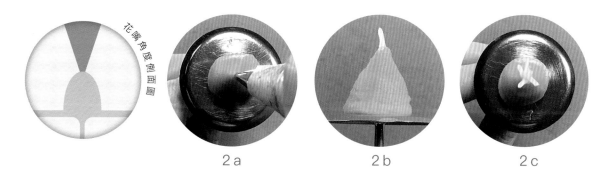

2 a   2 b   2 c

花心

❷ 將2號花嘴直立（a），用未調色豆沙，在花座最高點，擠出一根長約0.5公分的花心（b）。以這根花心為中心點，在周圍擠出四根花心，完成花心部分，從正上方看，五根花心的根部必須合在一起（c），前端則需要自然地朝著不同方向。

第一片花瓣

❸ 103號花嘴較寬那端，在12點鐘方向輕靠在花座接近花心處，花嘴較窄那端向外傾斜約5度。

4 a   4 b

❹　右手維持不動開始擠豆沙（a），左手同時逆時針轉花釘，完成第一片花瓣（b），花瓣長度為一整圈，且必須完整包覆花心底部，將花座部分隱藏起來。

5 a   5 b   5 c   5 d

第二片花瓣

❺　第二片花瓣的花嘴開始點為第一片花瓣中間（a），接著重複步驟❸和❹（b）約二次，完成陸蓮花，完成的陸蓮花每圈看起來間隔都要一樣（d）。

👆 小訣竅：
若發現擠出來的花瓣邊緣都是破的，可能是擠得不夠用力，或者是豆沙太硬，如果是豆沙太硬，可再加入些許鮮奶油將豆沙調軟。

常見 錯誤

① 花瓣太開

擠花瓣時，花嘴較窄那頭太向外傾斜，會導致每片花瓣都呈現往外倒的姿態。記得擠花瓣時，花嘴只需向外傾斜約5度。

② 花瓣黏在一起

擠花瓣時，花嘴較窄那頭過於向中心傾斜，沒有幫花瓣留空間，會造成花瓣相黏。記得每次開始擠花前，一定要抓對角度，才不會浪費力氣，擠了花又不能用。

③ 中心花座露出來

第一片花瓣離花心太遠造成。擠第一片花瓣時，以不破壞花心為原則，花嘴越靠近花心越好，擠出來的豆沙才能確實將花座包覆住。

山茶

山茶運用到許多「拉」的動作，在中階花型裡面，算是難度比較高的一種，不過只要確實將花苞部分做好，再掌握花瓣圓弧狀、線條俐落的特性，就能夠做出一朵漂亮的山茶。

花嘴

惠爾通104號

調色

百年草粉 + 青梔子粉 ／ 花瓣

擠花步驟：

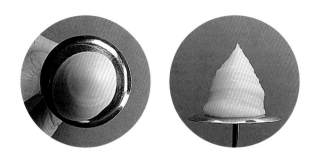

花座

❶ 擠出約兩個食指指節高的圓錐體，完成花座。

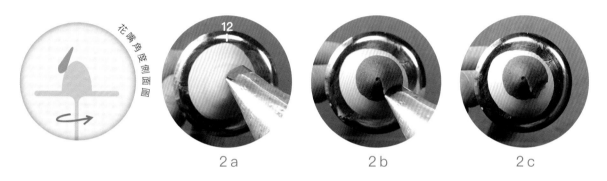

2 a   2 b   2 c

花心

❷ 花嘴較寬那端，在花釘12點鐘方向靠著花座，較窄那端向中心傾斜45度。右手一邊擠，左手一邊逆時針轉花釘，擠出豆沙像緞帶一樣包覆住花座尖端，留下一個小小的開口，就完成花心了。

3 a   3 b   3 c

中心花苞

❸ 花嘴較寬那端，在12點鐘方向靠著花座（a），較窄那端垂直向上，然後右手邊擠邊垂直往自己的方向拉（b），擠出一條直線蓋住中心的一半（c）。

4a   4b   4c

❹ 先將已經擠好的花瓣轉到左邊（a），接著重複步驟❸，擠出另一條直線，蓋住花
心的另一半（b），注意兩片花瓣要擠密貼合，將花心完全蓋住（c）。

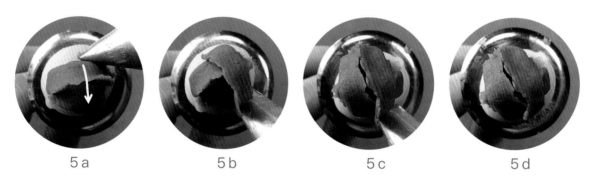

5a   5b   5c   5d

❺ 將先前擠的兩片花瓣轉成橫向，花嘴較寬那端，在12點鐘方向靠著花瓣中心點
（a），重複步驟❸和❹兩次（b、c），完成中心花苞部分（d）。

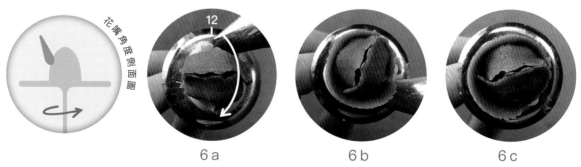

6a   6b   6c

第一片花瓣

❻ 接著要擠外圍第一圈的三片花瓣，先將花苞開口轉成橫向，花嘴較寬那端，在12
點鐘方向輕靠在花苞外圍，較窄那端向外微微傾斜15度（a）。右手先擠出一點豆
沙，接著往上拉到超過花苞最高點，然後邊擠邊往下拉（b），左手都要同時逆時針
轉花釘，完成花瓣（c）。完成花瓣長度為一整圈，且必須完整包覆花苞底部，將花
座部分隱藏起來。

7 a   7 b   7 c   7 d

外圍花瓣

❼ 第二片花瓣的開始點,要在第一片花瓣的中間(a),接著重複步驟❻兩次(b),完成外圍第一圈三片花瓣(c),再重複步驟❻五次,完成外圍第二圈的五片花瓣(d),即完成山茶。

常見 ❗ 錯誤

① 外圍花瓣不夠高

擠外圍花瓣時,手一定要拉得比花苞高,才能表達山茶特有花瓣姿態,整個花形才會漂亮。

② 花心沒有包住

擠中心的四片花瓣時,和擠玫瑰花不同,右手不要繞著花心擠,要以拉直線的方式,直接蓋過花心。

馬蹄蓮

白色馬蹄蓮的花語很美，是「至死不渝、忠貞不渝的愛」，也是製作新娘捧花時，常會用到的花卉之一。馬蹄蓮的形狀很特別，放在蛋糕上能夠延伸視覺，增加造型的層次感與精緻度。

花嘴

韓國125K花嘴

惠爾通2號

調色

黃梔子粉 + 可可粉 / 花心

擠花步驟：

花座

❶ 　未調色的豆沙，用韓國125K花嘴，在花釘上擠出長方形的花座，厚度約2公分，記得底座厚度一定要夠厚，最後剪花時會比較容易。

花嘴角度側面圖

花瓣

❷ 　花座較窄那端面向自己，接著將125K花嘴較寬那端，輕靠在花座上比較靠近自己的那邊，花嘴較窄那端向另一邊傾斜45度。

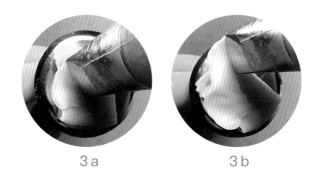

3 a　　　　　　　　　3 b

❸ 接著先擠一點豆沙（a），然後邊擠邊將右手往左前方輕推，同時左手逆時針轉花釘，畫出一個圓弧，最後花嘴要停在花座的12點鐘方向（b），此時會看到豆沙是一個有波浪的弧線。

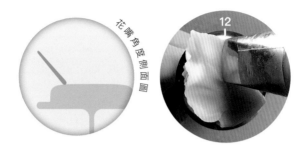

❹ 花嘴停在12點鐘方向，花嘴角度略為打直一些，然後輕輕往左壓一下，左手不轉花釘，做出馬蹄蓮花瓣的尖端，切忌壓得太大力，很容易會把花瓣扯破。

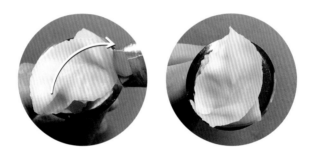

❺ 花嘴繼續維持同樣角度，左手保持花釘不轉，往右畫出另一個圓弧，回到花座6點鐘方向，讓花瓣起頭和結束貼合在一起，完成花瓣部分。

6 a　　　　　　6 b　　　　　　6 c

花心

❻ 黃色豆沙用2號花嘴（a），從花的底部往尖端擠出三條重疊直線（b），當成花心的底部（c），不要擠得太長，會讓花心看起來很不秀氣。

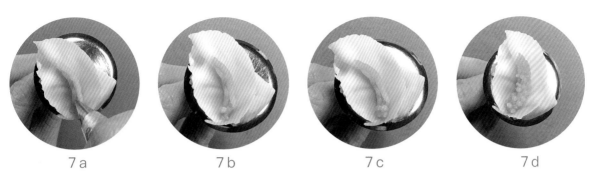

|7a|7b|7c|7d|

❼　接著將2號花嘴直立（a），用黃色豆沙在直線上擠出圓點（b），每顆圓點要盡量靠在一起（c），直到擠滿直線的3／4，完成花心（d）。不要擠滿整條直線，花心會看起來比較真實。

常見 ! 錯誤

① 花瓣太開

花嘴向外圍傾斜超過45度，會失去馬蹄蓮圓弧花瓣的特性。

② 花瓣過於直立

花嘴角度太直立，花瓣看起來會像貝殼。

康乃馨杯子蛋糕

組合步驟：

❶ 將蛋糕切到與杯子蛋糕邊緣一樣平，然後用豆沙擠出一個平面底座型，注意底座不要擠得太高，否則花看起來會像浮在半空中。

❷ 用花剪將康乃馨放在蛋糕正中心，用牙籤擋住花朵再將花剪抽出，讓花留在蛋糕上，記得是將花剪抽出，而不是用牙籤推花朵，用牙籤推花朵有時會造成花朵變形。

❸ 如果有需要，用牙籤從底下或旁邊調整花朵位置，絕對不要從花朵的正上方做調整，否則花瓣很容易被牙籤破壞，或是留下調整過的痕跡。

❹ 用352號花嘴在花朵底下擠上葉子，可以只擠兩片做裝飾，或是擠一圈蓋住蛋糕邊緣，但注意葉子不要拉的太長，會破壞整體比例（葉子擠法請參考P60頁）。

❺ 完成的康乃馨杯子蛋糕，這裡是用只擠兩片葉子的裝飾方式，會稍微露出杯子蛋糕的表面，如果不想露出杯子蛋糕表面，可以將葉子擠滿，或是預先在杯子蛋糕表面，抹上一層白豆沙遮蓋。

👆 還可以這樣做：
剛剛學到的桔梗花，尺寸也屬於較大的花，也可拿來做單顆杯子蛋糕，作法只要重複步驟❶到❹，就可完成桔梗杯子蛋糕。

包型牡丹捧花杯子蛋糕

組合步驟：

❶ 將蛋糕切到與杯子蛋糕邊緣一樣平，然後用豆沙擠出一個金字塔型底座，注意底座不要擠得太寬，不然花朵會比較難放上去，也會比較容易從蛋糕上掉下來。

❷　用花剪將包型牡丹斜靠在豆沙底座上，花朵外圍稍稍蓋住杯子蛋糕邊緣，用牙籤擋住花朵，再將花剪抽出，讓花留在蛋糕上。如果有需要，可用牙籤從花朵底下調整位置。

❸　接著用花剪將第二朵包型牡丹，放在第一顆的旁邊，重複步驟❷，依序放完三朵花，三朵花中間會有些許空隙。

❹　接著用352號花嘴，在空洞處補上葉子，大空間補大葉子，小空間補小葉子，葉子的方向最好都不同，會讓蛋糕看起來更靈活（葉子擠法請參考P60頁）。

還可以這樣做：

同樣屬於尺寸較小的路蓮花和山茶，也非常適合用來製作多顆花朵杯子蛋糕，只要重複步驟❶到❹，就可完成陸蓮花、山茶的多顆花朵杯子蛋糕。

牡馨（母親）花束杯子蛋糕

組合步驟：

❶ 將蛋糕切到與杯子蛋糕邊緣一樣平，然後用豆沙擠出一個金字塔型底座，注意底座不要擠得太寬或太高，不然花朵會比較難放，或容易從蛋糕上掉下來。

❷　用花剪先將較小顆的康乃馨斜靠在豆沙底座上，花朵外圍稍稍蓋住杯子蛋糕邊緣，用牙籤擋住花朵，再將花剪抽出，讓花留在蛋糕上。如果有需要，可用牙籤從花朵底下調整位置。

❸　接著重複步驟❷，用花剪將包型牡丹放在康乃馨的旁邊，依序放完三朵花後，三朵花中間會有些許空隙。

❹　用352號花嘴在空洞處補上葉子，中央空隙較大處，須補上大葉子，或可用兩片小葉子填補，但葉子大小以不蓋住花朵為原則。蛋糕周圍的空隙，則補上小葉子，注意葉子長度不要太長，否則會破壞整體比例（葉子擠法請參考P60頁）。

👆 還可以這樣做：

只要是尺寸比較小的花朵，基本上都可以混搭，不一定要侷限於特定的搭配方式，例如康乃馨還可以和包型牡丹、陸蓮花搭在一起，也可以用山茶和陸蓮花搭配在一起，只要確定蛋糕上的顏色看起來和諧，花的大小不會差太多即可。

馬蹄蓮平面杯子蛋糕

組合步驟：

❶ 將蛋糕切到與杯子蛋糕邊緣一樣平，接著用抹刀挖取一些豆沙（需要調得比擠花的豆沙更軟），在杯子蛋糕上抹平，形成一個白色的平面。

❷ 用惠爾通352號花嘴，從蛋糕較靠自己的這邊，往外擠出長形的水平葉子，作為馬蹄蓮的背景，可以多擠幾片增加變化度。

❸ 用花剪將馬蹄蓮放在杯子蛋糕上，遮住葉子底部，用牙籤擋住花朵，再將花剪抽出，讓花留在蛋糕上，按照同樣步驟放上另外兩朵馬蹄蓮。

❹ 在空洞處擠上較短的葉子，增加設計上的層次感，注意以不破壞花朵為主，如果空洞太小，就不要勉強擠葉子。

❺ 完成的馬蹄蓮杯子蛋糕，和其他杯子蛋糕不同，屬於較平面的杯子蛋糕，因此三朵馬蹄蓮的底部最好朝向同一個角度，讓視覺有集中點，也會更有設計感。

金杖球花圈杯子蛋糕

組合步驟：

① 將蛋糕切到與杯子蛋糕邊緣一樣平，接著用抹刀挖取一些豆沙（需要調得比擠花的豆沙更軟），在杯子蛋糕上抹平，形成一個白色的平面。

❷　接著要製作花圈，用惠爾通352號花嘴，在豆沙抹面上擠出第一片葉子，記得葉子的尖角要朝向右邊，而且角度要微微往上翹，不要貼平在杯子蛋糕上。

❸　第二片葉子，要擠在第一片葉子的後面，尖角部分要朝不同方向，看起來比較活潑，重複這個步驟，直到擠完整圈葉子，記得中間部分要留白，整個形狀才會像花圈（葉子擠法請參考P60頁）。

❹　用花剪將最大顆的金杖球，放在花圈上，決定主角位置後，再放上較小顆的金杖球，所有金杖球放完時，應呈現不對稱的形狀。

 還可以這樣做：

聖誕節常常會出現聖誕花圈擠花蛋糕，其實做法和金杖球花圈蛋糕是相似度極高，只要將金杖球的顏色換成紅色，就變成小紅莓，再依照同樣的步驟，將小紅莓放在花圈上，就成了最應景的聖誕節擠花杯子蛋糕。

擠花進階篇

進階篇花型追求的是「擬真感」，因此對花的姿態或調色，要求都會更高，所以大家在擠花之前，更要確實把花嘴角度都抓對，才能準確地把花瓣的形狀做對，此外調色上也都以真實花朵色彩，作為調色原則，顏色調得越自然越好。

朝鮮薊

外型很像釋迦的朝鮮薊，把它擠成迷你版，尖尖且多層次的形狀，加上也是綠色的，非常適合拿來取代葉子，填補花朵中間的空隙，讓蛋糕看起來變化更多。

花嘴

惠爾通79號

調色

青梔子粉 + 黃梔子粉 ／ 花瓣

擠花步驟：

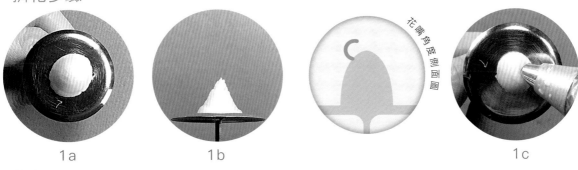

1a   1b   1c

花座

❶ 擠出一個小圓錐體（a），約為一個食指指節，完成花座（b），注意花座不要擠太大，不然朝鮮薊會變得很像釋迦。接著將79號花嘴凹口處朝向花座（c），下方尖端靠在花座3點鐘方向，另一個尖端朝上。

2 a   2 b   2 c   2 d

花瓣

❷ 右手擠出一個尖角後，右手往花座方向輕壓，切斷花瓣，完成第一片花瓣（a），左手花釘不用轉。朝鮮薊每片花瓣不重疊，因此第二片花瓣的花嘴，位置要在第一片花瓣旁邊（b），接著重複步驟2兩次（c），完成朝鮮薊中心的三片花瓣（d）。

外圍花瓣

❸ 接著在花座較低位置，重複步驟❷直到擠滿一圈，記得這一圈花瓣的尖角部分，要剛好蓋住前一圈花瓣的底部，完成的朝鮮薊，會有三到四圈花瓣。

小蒼蘭

小蒼蘭的花語是純潔、濃情，學會擠小蒼蘭之後，可以和基礎玫瑰互相搭配，讓整顆蛋糕顯得更「濃情蜜意」。擠小蒼蘭時要特別注意，要讓花心有若隱若現的感覺，更能展現小蒼蘭含蓄之美。

花嘴

韓國122號

惠爾通2號

調色

南瓜粉
/ 花瓣

南瓜粉 +
青梔子粉
/ 花心

擠花步驟：

花座

❶　擠出約一個食指指節高的圓錐體，完成花座，花座一定要擠得夠高，才有足夠的空間製作花瓣的弧度。

2 a　　　　　　2 b　　　　　　2 c

花心

❷　將2號花嘴直立（a），用綠色的豆沙，在花座最高點，擠出一根長約0.5公分的花心（b）。以這根花心為中心點，在周圍擠出四根花心，完成花心部分，從正上方看，五根花心的根部必須合在一起（c），前端則需要自然地朝著不同方向。

3 a　　　　　　3 b　　　　　　3 c

第一片花瓣

❸　韓國122號花嘴直立，較寬那端在12點鐘方向輕靠著花座，較窄那端垂直向上（a），擠豆沙時，右手維持在原點由下往上再往下的動作（b），左手同時逆時針轉花釘，完成第一瓣（c），此時花瓣的形狀，應該像個圓弧蓋子，略微包住中間花心部分。

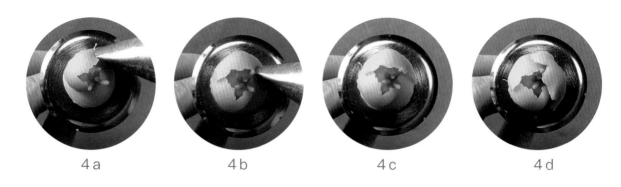

4 a   4 b   4 c   4 d

第一圈花瓣

❹ 小蒼蘭的花瓣會略為重疊，因此第二片花瓣的花嘴，開始點會與第一片花瓣結束點略為重疊（a），接著重複步驟❸兩次（b、c），完成第一圈的三片花瓣（d）。

5 a   5 b   5 c

第二圈花瓣

❺ 為了要讓花型看起來自然，第二圈首片花瓣起始點，要在前一圈花瓣的中間（a），重複步驟❸，擠出第一片花瓣（b），應該很明顯的與第一圈呈現交錯（c）。

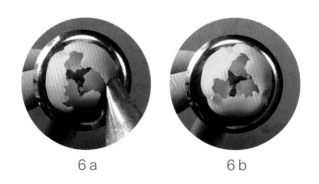

6 a   6 b

❻ 重複步驟❸兩次（a），完成小蒼蘭，注意第一圈和第二圈花瓣，中間要有足夠空間（b），此外花心必須是包在花瓣中間，若隱若現的感覺。

常見 錯誤

① 花心太包

花嘴較窄那端沒有垂直向上,反而是向花心倒,導致花瓣完全蓋住了花心,而且兩圈花瓣中間,也沒有留下適當的空隙。

② 花瓣太開

花嘴較窄那頭太向外傾倒,記得開始擠花前要把花嘴角度抓對,較窄那端要垂直朝上。

③ 花瓣沒有圓弧

擠花瓣時,右手沒有確實做到往上往下的動作,而是開始和結束,都在同一個高度,無法做出小蒼蘭花瓣特有的圓弧感。

蠟梅

蠟梅雖然個頭很小，但是紅色花心配上雪白的花瓣，非常吸睛，卻又不至於搶了主角風采，可說是最佳配角，也非常適合代替葉子，填補蛋糕上較大的空隙。

花嘴

惠爾通7號

惠爾通59號

調色

甜菜根粉 + 可可粉 ／ 花瓣

擠花步驟：

1a　　　　　　　　　　　　　1c　　　　　　1d

花座和花心

❶ 擠出一個小圓錐體，約為一個食指指節，完成花座（a），花座不要擠得太大或太高。擠花袋內裝入紅色豆沙，7號花嘴直立靠在花座中心（b），右手邊擠邊慢慢往上拉，擠出一根較粗的圓錐型花心，高度約為2公分（c）。

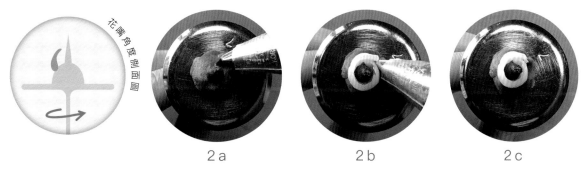

2a　　　　　　　　2b　　　　　　　　2c

❷ 擠花袋內裝入白色豆沙，換上59號花嘴，花嘴較寬那端，在12點鐘方向靠著紅色花心底部，花嘴較窄那端垂直朝上（a）。右手邊擠豆沙，左手邊逆時針轉花釘，擠出一個圓圈（b），將花心底部包住，讓花心的頂端略微露出來（c）。

五片花瓣

3a　　　　　　　　3b　　　　　　　　3c

❸ 接著把59號花嘴放平，較寬那端在12點鐘方向靠著圓圈外圍（a），較窄那端垂直朝著前方，右手邊擠豆沙，邊輕輕往外推出去再收回來，左手同時逆時針旋轉花釘，擠出一個半圓心花瓣後，右手向圓圈輕壓一下將豆沙切斷（b），接著重複這個步驟四次，完成蠟梅的五片花瓣（c）。

芍藥

芍藥在擠花中屬於較大型的花，因為層次較多、複雜，且相當重視花朵的姿態，算是難度較高的花朵，擠花的時候要更有耐心，動作放慢一點，可以擠得比較好。

花嘴

韓國122號

調色

百年草粉 + 　百年草粉
青梔子粉　/ 外層花瓣
/ 內層花瓣

擠花步驟：

花座

❶　依圖示比例將紫色與粉紅色豆沙裝入擠花袋內。用擠花袋擠出約兩個半食指指節高的圓錐體，完成花座，花座要又高又胖，才有足夠的空間製作芍藥花瓣的層次。

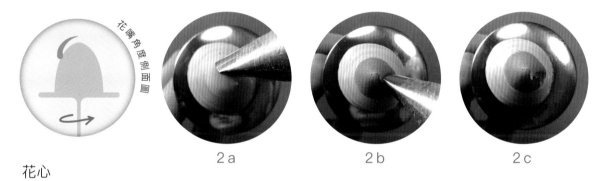

花嘴角度側面圖

2 a　　　　　　　　2 b　　　　　　　　2 c

花心

❷　擠花心時，花嘴較寬那端，在12點鐘方向靠著花座，較窄那端向中心傾斜45度（a）。右手邊擠，左手邊逆時針轉花釘，擠出豆沙像緞帶一樣包覆住花座尖端（b），留下一個小小的開口，就完成花心（c）。

花嘴角度側面圖

3 a　　　　　　　　3 b

第一片花瓣

❸　將花嘴較寬那端在，12點鐘方向輕靠著花座，較窄那端向內傾斜5度（a）。擠豆沙時，右手在原點快速由下往上再往下，最高點需要些微超過花心的高度，左手邊逆時針轉花釘，完成五片花瓣中的第一瓣。完成的花瓣形狀，應該像個圓弧的蓋子，略微包住中間花心部分（b）。

4 a   4 b   4 c

第二片花瓣

❹ 第二片花瓣,花嘴的開始點要與第一片花瓣有些間隔(a),重複步驟❺(b),完成第二片花瓣。第二片花瓣會自然稍微蓋住第一花瓣(c),營造芍藥複瓣的感覺。

中心花瓣

❺ 重複步驟❸三次,完成中心五片花瓣,五片花瓣會略為重疊,而且剛好蓋住花心的部分,記得越中心的花瓣越小,所以第一圈的花瓣別擠太大。

第二圈花瓣

❻ 第二圈首片花瓣起始點,要在前一圈花瓣中間,此時要將花嘴直立,在3點鐘方向輕輕靠著花座,擠豆沙時,右手在原點快速由下往上再往下,左手逆時針轉花釘。

7 a   7 b   7 c

❼ 完成第一片花瓣（a），和第一圈花瓣應該是交錯的，並且同樣呈現圓弧狀（b）
，略為蓋住前一圈的花瓣交界處（c），但不要完全蓋住前面的花瓣。

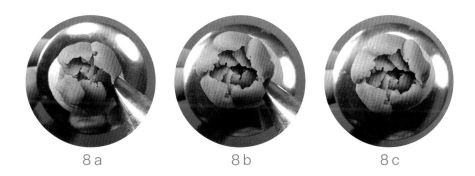

8 a   8 b   8 c

❽ 重複步驟❻五至六次（a），完成花苞部分的第二圈花瓣（b），花瓣長度會比中
心長一些，並且略為蓋住第一圈的花瓣（c）。

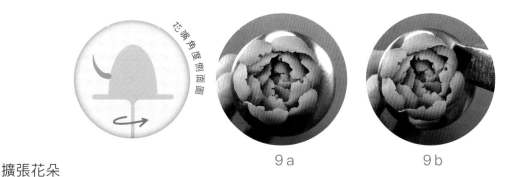

9 a   9 b

擴張花朵

❾ 芍藥的花苞部分，花瓣通常為三到四圈，可依需要的大小進行調整（a）。完成花
苞部分後，花嘴較寬部分仍然輕靠著花座，花嘴較窄那端，微微向外傾斜15度（b）。

❿ 擠豆沙時,保持右手在原點由下往上再往下的動作,左手一邊逆時針轉花釘,製造開花的感覺,注意花嘴不要一下傾斜太多,會讓花看起來好像要凋謝了。

⓫ 重複步驟❿,慢慢加花瓣,直到花朵達到所需的大小,記得每增加一圈,花嘴的角度也要跟著增加一點。

小訣竅:
豆沙霜和奶油霜不同,豆沙霜黏著性不高,所以擠花時,要先確定花嘴已接觸到花釘或花座後,才開始擠豆沙,這樣擠出來的花瓣才不會黏不住。
另外每個人的手感不同,如果從12點鐘方向不好擠花,記得改從6點鐘方式試試,這時花釘要改成順時針轉。

常見 錯誤

① 花心突出

擠第一圈花瓣時,右手拉的不夠高,才會導致花心
露出來,記得右手往上拉的高度一定要超過花心。

② 前後圈花瓣重疊

重疊的花瓣會讓芍藥看起來不自然,記得每一圈的
花瓣都要做到交錯。

③ 花瓣沒有層次

除了中心三圈外,外圍花瓣的起始點,都要比前一
圈花瓣低,才能夠做出層次感。

④ 花朵太開

花嘴較窄那頭太向外傾倒,記得開始擠花前要把花
嘴角度抓對,較窄那端要垂直朝上。

牡丹

牡丹大概是最多人喜歡的花型之一，加入了擬真花心的擠法後，增加整個花朵精緻度，直接放在杯子蛋糕上，顯得非常霸氣，若是很多顆一起放在大蛋糕上，更可營造出花團錦簇的感覺。

花嘴

韓國122號

惠爾通233號

調色

甜菜根粉
/ 內層花瓣

黃梔子
/ 花心

可可粉
/ 花心

擠花步驟：

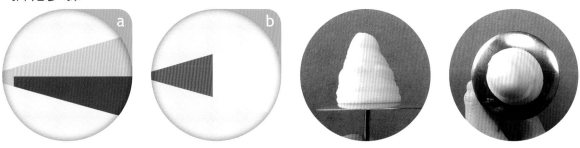

花座

❶　依圖示比例將黃色與咖啡色豆沙裝入擠花袋（a）袋內，（b）袋內裝入桃紅色與白色豆沙。接著用擠花袋擠出約兩個半食指指節高的圓錐體，完成花座，花座要又高又胖，才撐得住牡丹的重量。

花嘴角度側面圖

花心

2 a　　　　2 a

❷　將（a）袋套上233號花嘴，接著將花嘴直立靠在花座最高點（a），先擠出一些豆沙，然後邊擠邊往上拉，擠出長度約為2公分的花心（b），花心會自然倒向四面八方。

3 a　　　　3 b　　　　3 c

❸　繼續將233號花嘴直立壓在第一個花心的四分之一處（a），重複步驟❸（b），直至花座頂端已經完全被蓋住，花心看起來很茂密為止（c），注意花心部分盡量自然的倒向四周，不要都朝著同個方向。

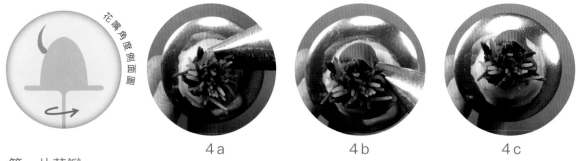

4 a   4 b   4 c

第一片花瓣

❹ 換成（b）袋豆沙，套上韓國122號花嘴，擠花瓣時將花嘴直立，較寬那端在12點鐘方向輕靠著花座，較窄那端垂直向上（a），接著右手邊擠豆沙，邊在原點由下往上再往下（b），最高點需要些微超過花心的高度，此時左手要同時逆時針轉花釘，完成中心五片花瓣中的第一瓣（c），花瓣形狀，應該像一個圓弧的蓋子，略微遮住中間的花心。

5 a   5 b   5 c

第二片花瓣

❺ 花嘴的開始點要與第一片花瓣有些間隔（a），重複步驟❹（b），完成第二片花瓣（c），注意第二片花瓣不能與第一片花瓣重疊。

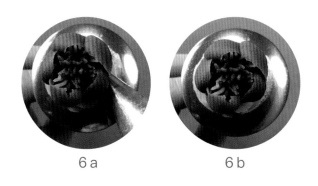

6 a   6 b

中心花瓣

❻ 重複步驟❹三次，完成中心共五片花瓣，五片花瓣彼此不交疊，而且每片都是圓弧狀，會有稍微把花心包住的感覺。

花嘴角度側面圖

第二圈花瓣

❼ 第二圈首片花瓣起始點,要在前一圈的花瓣中間,同樣將花嘴維持直立,在3點鐘方向輕輕靠著花座,請確實將花嘴較寬那端緊靠花座,避免花瓣黏不住花座。

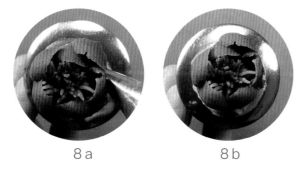

8 a   8 b

❽ 完成第一片花瓣,和第一圈花瓣應該是交錯的(a),並且同樣呈現圓弧狀,略為蓋住前一圈的花瓣交界處(b),但不要完全蓋住前面的花瓣。

9 a   9 b   9 c

❾ 重複步驟❹五至六次(a),完成花苞部分的第二圈花瓣(b),花瓣長度會比中心長一些(c)。牡丹中心花苞部分,花瓣通常為二到三圈,可依需要的大小進行調整。

擴張花朵

⑩　完成花苞部分後，花嘴較寬部分仍然輕靠花座，花嘴較窄那端向外傾斜15度，要確定花嘴較寬那端緊靠花座，不然花瓣會黏不住。

⑪　擠豆沙時，保持右手在原點由下往上再往下的動作，左手一邊逆時針轉花釘，製造開花的感覺，注意花嘴角度不要一下往外倒太多，不然花瓣看起來會有凋謝的感覺。

⑫　重複步驟⑩和⑪，每增加一圈，記得花嘴的角度也要跟著增加一點，慢慢將花朵加大，直到花朵達到所需的大小。

常見 ! 錯誤

① 花座露出來

花心擠得不夠茂密,可用233號多嘴多擠幾次,增
加花心的豐盈感。

② 花心完全被蓋住

花嘴較窄那頭太向花心傾倒,記得開始擠花前要把
花嘴角度抓對,較窄那端要垂直朝上。

③ 花瓣沒有圓弧感

擠豆沙時,右手沒有確實做到先往上再往下拉出圓
弧的動作。

④ 前後圈花瓣重疊

花瓣重疊的牡丹,看起來很不自然,記得每一圈的
花瓣都要做到交錯。

銀蓮花

銀蓮花屬於比較扁平的花，花瓣面積很大，所以擠花時花嘴的操作要更小心，否則會留下明顯的痕跡，讓花瓣看起來不夠完美。

花嘴

韓國125K號

惠爾通1號

調色

竹炭粉 / 花心

擠花步驟：

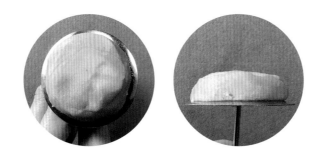

花座

❶ 擠出約一個食指指節厚的圓形平台，完成花座，花座一定要夠厚，完成後銀蓮花才會比較好剪。

花嘴角度側面圖

第一片花瓣

❷ 韓國125K號花嘴，較長那端靠在花座中心外圍一點的地方，較短那端朝著外圍並微微上翹15度。

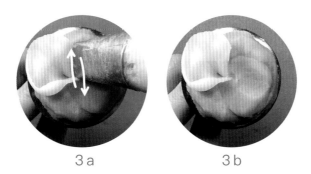

3a   3b

❸ 擠花瓣時，花嘴從圓心朝著12點鐘方向推出去（a），左手同時逆時針旋轉花釘，直到花瓣稍微蓋住花座邊緣後，再沿著同一條直線拉回到圓心（b），完成第一片花瓣。

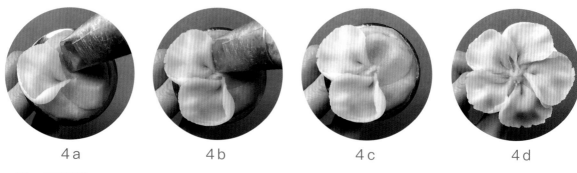

4 a   4 b   4 c   4 d

第一圈花瓣

❹ 擠第二片花瓣時，花嘴較長那端同樣輕靠在花心外圍，花嘴較短那端要和第一片花瓣有些距離（a），重複步驟❸（b），完成第二片花瓣（c）。再重複這個步驟三次，完成銀蓮花第一圈五片花瓣（d），此時會看到中心留下一個類似星星的形狀。

第二圈花瓣

❺ 第二圈花瓣要和第一圈交錯，因此花嘴要從兩片花瓣的中間開始，並且要把較短那端，向上微翹30度。

6 a   6 b   6 c   6 d

❻ 重複步驟❸（a），完成第二圈的第一片花瓣（b），第二圈花瓣長度，必須和第一圈相同。接著重複步驟❸四次（c），完成第二圈的五片花瓣，從正上方看，每片花瓣都必須和第一圈交錯（d）。

7 a　　　　　7 b

花心

❼ 拿裝有黑色豆沙的擠花袋，在花瓣正中央擠出一個圓球（a），完成花心中間部分（b），注意花心不要太大，不然花看起來會很怪異，另外黑色豆沙非常會染色，一旦碰到白色豆沙很難清除，因此擠花心時，寧可擠太小再慢慢加大，也不要一下就擠得太大。

8 a　　　　　8 b　　　　　8 c

花蕊

❽ 接著將1號花嘴直立（a），用黑色豆沙在花心外圍點出一個小點（b），就是銀蓮花的花蕊，花蕊的位置不要離花心太遠，重複這個步驟直到點完一整圈花蕊（c）。

9 a　　　　　9 b　　　　　9 c　　　　　9 d

❾ 接著拿一根牙籤，輕輕的戳進花蕊中心（a），然後往花心的方向輕拉（b），讓花蕊和花心有連結（c）。重複這個步驟，直到所有花蕊都和花心連在一起，這樣銀蓮花就完成了（d）。

牡丹杯子蛋糕

組合步驟：

❶ 將蛋糕切到與杯子蛋糕邊緣一樣平，然後用豆沙擠出一個平面底座型，注意底座不要擠得太高，否則花看起來會像浮在半空中。

❷　用花剪將牡丹放在杯子蛋糕正中心，用牙籤擋住花朵，再將花剪抽出，讓花留在蛋糕上，記得是將花剪抽出，而不是用牙籤推花朵，用牙籤推花朵有時會造成花朵變形。

❸　如果有需要，用牙籤從底下或旁邊調整花朵位置，絕對不要從花朵的正上方做調整，否則花瓣很容易被牙籤破壞，或是留下調整過的痕跡。

❹　用352號花嘴在花朵底下擠葉子，可以只擠兩片做裝飾，或是擠一圈蓋住蛋糕邊緣，葉子盡量擠胖一點，但不要拉太長，不然會破壞整體比例（葉子擠法請參考P60頁）。

❺　完成的牡丹杯子蛋糕，這裡只擠兩片葉子的裝飾方式，會稍微露出杯子蛋糕的表面，如果不想露出蛋糕表面，可以將葉子擠滿，或是預先在蛋糕表面抹上一層白豆沙遮蓋。

👆　還可以這樣做：
其他如芍藥或銀蓮花，也是尺寸較大的花，也可拿來做單顆杯子蛋糕，看起來會非常有氣勢。作法只要重複步驟❶到❹，就可完成芍藥或銀蓮花杯子蛋糕。

芍藥花苞杯子蛋糕

組合步驟：

① 將杯子蛋糕切到與邊緣一樣平，然後用豆沙擠出一個金字塔型底座，注意底座不要擠得太寬，避免花朵會比較難放上去，也會比較容易從蛋糕上掉下來。

❷ 用花剪將芍藥花苞，斜靠在豆沙底座上，花朵外圍稍稍蓋住杯子蛋糕邊緣，用牙籤擋住花朵，再將花剪抽出讓花留在蛋糕上。若有需要，可用牙籤從花朵底下調整位置。

❸ 接著用花剪將第二朵芍藥花苞，放在第一顆的旁邊，重複步驟❷，依序放完三朵花，三朵花中間會有些許空隙。

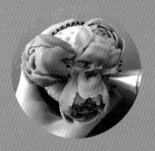 

❹ 接著用352號花嘴，在空隙處補上葉子，大空間補大葉子，盡量不要補太多小葉子，以免有時候感覺像雜草，另外小空隙補小葉子，葉子的方向最好都不同，會讓蛋糕看起來更靈活（葉子擠法請參考P60頁）。

 還可以這樣做：

同樣屬於尺寸較小的陸蓮花和山茶，也非常適合用來製作多顆花朵杯子蛋糕，只要重複步驟❶到❹，就可完成陸蓮花、山茶的多顆花朵杯子蛋糕。

中國風花束杯子蛋糕

組合步驟：

① 將杯子蛋糕切到與邊緣一樣平，然後用豆沙擠出一個金字塔型底座，注意底座不要擠得太高，不然放較小顆的花朵時，看起來會像浮在半空中。

❷ 用花剪先將芍藥花苞斜靠在豆沙底座上，花朵外圍稍稍蓋住杯子蛋糕邊緣，用牙籤擋住花朵，再將花剪抽出，讓花留在蛋糕上，若有需要，可用牙籤從花朵底下調整位置。

❸ 接著重複步驟❷，將小蒼蘭放在芍藥花苞旁邊，依序放滿小蒼蘭後，再放上朝鮮薊、蠟梅等較小型的花，填補中間較大的空隙。

❹ 其餘的空隙補上葉子，記得以不破壞花瓣和不遮住花朵為原則，盡可能地將空隙補起來，若遇到較大的空隙，可以用一片大葉子，或兩片小葉子填補（葉子擠法請參考P60頁）。

還可以這樣做：

進階版的混合花朵，通常會選擇一朵主花，其他會搭配像是小蒼蘭、朝鮮薊、蠟梅等較小型的花朵，一顆杯子蛋糕可以搭配兩種、三種、甚至四種花朵，只要視覺上看起來賞心悅目，想怎麼搭配都可以，例如芍藥花苞搭配蠟梅、芍藥花苞搭配朝鮮薊，再加上蠟梅。

小花禮杯子蛋糕

組合步驟：

❶ 將杯子蛋糕切到與邊緣一樣平，接著用抹刀挖取一些豆沙（需要調得比擠花的豆沙更軟），在杯子蛋糕上抹平，形成一個白色的平面，再擠上一個小型的金字塔底座。

❷　用352號花嘴，在豆沙底座旁先擠出幾片葉子，記得葉子最好都朝著不同方向，看起來比較活潑（葉子擠法請參考P60頁）。

❸　接著按照喜好隨意放上朝鮮薊和蠟梅，放的時候，可以用朝鮮薊稍微隔開蠟梅，也可以單邊全是蠟梅，單邊全是朝鮮薊，如何設計沒有一定的規則，全看個人喜好，不過盡量將花集中在中間，讓外圈露出一些白色的豆沙平面。

❹　在空洞處擠上小葉子，增加蛋糕層次感，此時要注意，因為剩下的空隙會非常小，因此擠葉子時，要特別小心別破壞花的型狀。

👆　還可以這樣做：

先前在基礎篇學到的蘋果花、小雛菊，也可以用同樣的方式組合，不過擠花的時候，記得要將花擠小一點，才能夠放下比較多顆花。另外建議大家勇於嘗試不同的搭配，例如也可以小雛菊搭配朝鮮薊，不一定要按照這裡的搭配組合。

蠟梅花開圖杯子蛋糕

組合步驟：

❶ 將杯子蛋糕切到與邊緣一樣平，接著用抹刀挖取一些豆沙（需要調得比擠花的豆沙更軟），在杯子蛋糕上抹平，形成一個白色的平面。

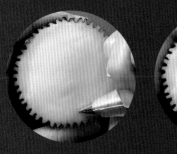

❷ 將2號花嘴直立，用咖啡色豆沙，從蛋糕較靠自己的這邊，沿著杯子蛋糕內圈，往外擠出不規則的樹枝。

❸ 為了讓蛋糕看起來更有變化，樹枝可以多擠幾個方向，並且可以在樹枝的末端，多做幾個小分岔。

❹ 用花剪將蠟梅放在樹枝的分岔處，等到所有蠟梅放完時，應該是基數，而不是偶數，會讓蛋糕看起來比較有設計感。

❺ 接著在蠟梅底部擠上小葉子，葉子千萬不要擠得太大，也不要擠太多，不然很容易喧賓奪主，搶了蠟梅的風采，此外所有的葉子最好朝著不同方向，看起來比較靈活。

☝ 還可以這樣做：
也可以將蠟梅替換成朝鮮薊或金杖球，不過記得擠花的時候要擠小一點，才放得下比較多顆花。

組裝完花朵但還沒加上葉子的蛋糕，就好像是還沒畫完妝的女生，加上葉子就像幫蛋糕完妝，因此變化越多、顏色越寫實的葉子，就能讓蛋糕的「妝容」更精緻。這邊要教四種擬真葉子的擠法，大家可以先將葉子擠在烘焙紙上，等到放乾之後，直接從烘焙紙上剝下來，就可以和花朵搭配使用。

擠花步驟：

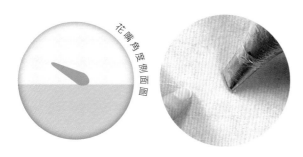

❶ 撕一張烘焙紙或白報紙當底，接著將104號花嘴較寬那端，朝向自己靠在烘焙紙上，較窄那端朝外並微微向上翹15度，左手壓住烘焙紙避免擠花時紙張亂跑。

❷ 右手先擠出一些豆沙，接著邊擠豆沙，一邊快速前後移動，右手慢慢地往前推出去，擠出葉子的左半部。

❸ 當葉子達到需要的長度時，左手輕輕逆時針轉一下烘焙紙，同時右手將花嘴角度略為抬高，往上製造一個尖角後就往下拉，製造出尖尖的葉子尾端。

❹ 接著同樣邊擠邊前後移動，但是與開始時反方向，從葉子尾端一路往開始的地方擠，直到與開始處的豆沙合在一起，完成葉子右半部。注意葉子左半邊和右半邊要一樣大，看起來會比較平衡。

擠花步驟：

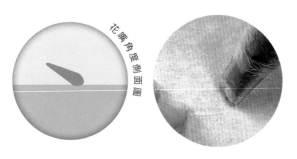

花嘴角度側面圖

❶　用烘焙紙或白報紙當底，接著將104號花嘴較寬那端，朝向自己靠在烘焙紙上，較窄那端朝外並微微向上翹15度，左手壓住烘焙紙避免擠花時紙張亂跑。

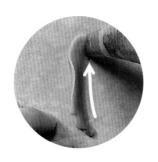

❷　右手邊擠豆沙，再筆直的往前方推出去，擠出葉子的左半部，這時葉子會呈現有一點波浪型。

花嘴角度側面圖

❸　當葉子達到需要長度時，左手輕輕逆時針轉一下烘焙紙，右手將花嘴角度略為抬高，接著往左輕壓一下之後往下拉，製造出尖尖的葉子尾端。

❹　接著右手一邊擠豆沙，再筆直往下拉，直到與開始處的豆沙接在一起，完成葉子右半部。注意葉子中間要密合。不能有裂縫，否則使用時，拿起來就會從中間裂開。

③ 長型的彎葉子：

擠花步驟：

❶ 撕一張烘焙紙或白報紙當底，將韓國125K花嘴較長那端，朝向自己靠在烘焙紙上，較短朝外並那端向上微微翹15度，左手壓住烘焙紙避免擠花時紙張亂跑。

❷ 右手先擠出一些豆沙，接著邊擠豆沙，一邊快速前後移動，右手慢慢地往前推出去，此時左手要同時輕輕將烘焙紙逆時針轉，製造葉子彎彎的感覺，葉子擠得越長，彎的角度就會越大。

❸ 當葉子達到需要長度時，左手輕輕逆時針轉一下烘焙紙，右手將花嘴角度略為抬高，接著往左輕壓一下之後往下拉，製造出尖尖的葉子尾端。

❹ 接著同樣邊擠邊前後移動，但是與開始時反方向，從葉子尾端一路往開始的地方擠，左手順時針輕輕轉動烘焙紙，直到花嘴與開始處的豆沙接合，完成葉子右半部。

擠花步驟：

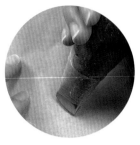

❶ 用一張較大張的烘焙紙或白報紙當底，接著韓國125K花嘴較長那端，朝向自己靠在烘焙紙上，較短那端微微向上翹15度，左手壓住烘焙紙避免擠花時紙張亂跑。

❷ 右手先擠出一些豆沙，接著邊擠豆沙，一邊快速前後移動，右手慢慢地往前推出去，擠出一小段葉子後，右手將花嘴略為抬高，並往左邊輕壓一下，接著往下拉，完成葉子的第一個葉片。

❸ 緊接著重複步驟❷，完成第二個葉片，注意兩個葉片不要重疊，也不要隔得太遠，這樣完成的葉子形狀才會漂亮。

❹ 然後再次邊擠豆沙，邊快速前後移動，當葉子達到希望的長度時，左手輕輕將烘焙紙逆時針轉，右手邊擠邊往下拉，製造出尖尖的葉子尾端。

❺ 接著同樣邊擠邊前後移動，但是與開始的時候反方向，從葉子尾端往開始的地方擠，直到葉片左右一樣大，就完成第三片葉片，也是最高的葉片。

❻ 右手再次邊擠豆沙邊快速前後移動，擠出一小段葉子後，將花嘴往回拉，製造出葉片尾端的尖角，完成葉子的第四個葉片。

❼ 重複步驟❻，完成整個葉子。藤蔓葉的重點在於左右的葉片的大小和高低，要盡量做到對稱，另外尖角也要做的夠明顯。

👆 小訣竅：
擠葉子的豆沙調色，不一定只有綠色，可以在袋子裡加入一些黃色、咖啡色甚至粉紅色豆沙，這樣擠出來的葉子有顏色上的自然變化，會讓葉子看起來更真實。

大蛋糕組合法

經過前面多種杯子蛋糕的組合練習，大家對花朵組合技巧應該都有了基本認識，接著要示範怎麼運用基礎、中階與進階的花朵，在不同的豆沙底座上，組合出五種風格各異的六吋蛋糕，大家平時也可嘗試混搭不同花朵，別害怕失敗，多嘗試一定能找到自己喜歡的風格。

玫瑰捧花型蛋糕

運用花朵：基礎玫瑰（主花）、花苞、蘋果花

擠花步驟：

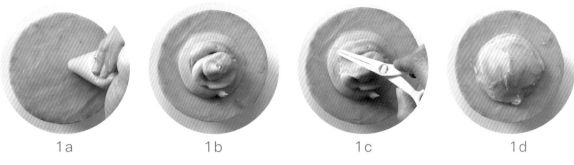

1a　　　　1b　　　　1c　　　　1d

底座

❶ 擠花袋靠在蛋糕正中心（a），然後邊擠邊往外繞圈，擠出一個金字塔型的豆沙底座（b），然後將花剪當成抹刀塗抹底座（c），直到金字塔變成一個半圓形（d），注意底座不要擠得太大或太寬，否則花朵會比較不容易放上去。

2a　　　　2b　　　　2c

放置基礎玫瑰

❷ 　用花剪剪取最大朵的基礎玫瑰，然後放在豆沙底座正中心，用牙籤擋住花朵再將花剪抽出（a），讓花留在蛋糕上，此時基礎玫瑰應該是在底座的最高點，如果要調整花朵位置，可用牙籤從底下調整花朵位置（b、c）。

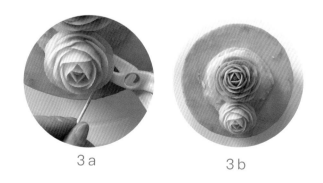

3a　　　　3b

組合花朵

❸ 為了讓視覺上看起來更有變化，這裡挑選不同色系、尺寸也較小的基礎玫瑰（a），放在第一顆玫瑰的旁邊（b），建議每次組合蛋糕前，先選定蛋糕上的主花，再依照主花的顏色和大小去搭配其他花朵，能夠大幅縮短組合的時間。

4 a 4 b 4 c 4 d

❹ 接著剪取不同顏色的花苞，放在第二顆基礎玫瑰的旁邊（a），同樣可以增加蛋糕的變化性，接著重複這個步驟（b、c），沿著基礎玫瑰周圍放滿整圈尺寸不一的玫瑰花，每朵花中間留下一些空隙（d）。

5 a 5 b 5 c

❺ 接著在蛋糕最外圍部分，放上更小的花苞填補剩餘空間（a、b），花朵擺放位置以不超過蛋糕外圍為主，花朵放得太外面，容易從蛋糕上掉下來，另外放完所有花之後，整個蛋糕從正上方看起來要是圓的（c）。

6 a 6 b 6 c

❻ 靠近中心較大的空隙處，已經放不下玫瑰或花苞，這時可以放上蘋果花填補空間（a、b），如果想增加變化性，蘋果花的花心，可用食用銀珠替代（c），會更亮眼。

7 a   7 b

❼　　檢查是否還是有比較大的空隙（a），如果還是有，可以多放幾顆蘋果花來填補（b），但蘋果花數量建議是奇數，整體畫面看起來會比較有設計感。

8 a   8 b   8 c

❽　　用352號花嘴，在蛋糕最外圍的空隙處補上水平葉子（a），大空隙要補上大葉子，小空隙則補小葉子（b），葉子尾端的方向最好朝著不同方向，蛋糕看起來會更自然（c）（葉子擠法請參考P60頁）。

9 a   9 b   9 c

❾　再將352號花嘴直立（a），小心的插入蛋糕中央較小的空隙擠葉子，葉子的大小以不蓋住花朵為原則（b），如果空隙真的太小，就不要勉強補葉子，避免破壞旁邊的花朵，檢查所有空隙的都補上葉子後，玫瑰捧花蛋糕就完成了（c）。

繽紛花卉月牙型蛋糕

運用花朵：康乃馨（主花）、基礎玫瑰、捲邊小玫瑰、
包型牡丹、山茶、馬蹄蓮、金杖球

擠花步驟：

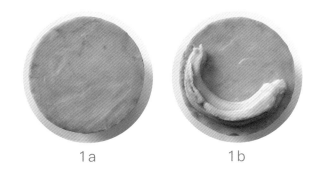

1a 1b

底座

❶ 蛋糕表面切平，抹上一層薄薄豆沙（a），然後用擠花袋在蛋糕邊緣擠出一個胖胖的新月形狀（b），中間的部分要最高，如果有需要，可以用花剪修剪底座形狀。

2a 2b

放置主花

❷ 用花剪將最大顆的康乃馨斜靠在底座凹陷處中央，面向蛋糕中心（a），接著在底座相對應的另一邊，擺上最大顆的基礎玫瑰，面向蛋糕外圍（b），記得兩顆花的位置需要稍微錯開。

3a 3b 3c

❸ 接著在康乃馨同一側，放上顏色不同但較小的基礎玫瑰（a），重複這個放花的步驟，直到整個新月型底座完全被花蓋住（b），注意每一顆花的位置都需要錯開，讓中間部分最寬，兩端比較窄，正上方看起來像月牙（c）。接著用352號花嘴，在蛋糕最外圍與中間的空隙處補上葉子，記得葉子以不蓋住花為原則，如果空隙太小，也不用勉強補葉子（葉子擠法請參考P60頁）。

花開富貴花圈型蛋糕

運用花朵：牡丹（主花）、芍藥、牡丹花苞、芍藥花苞、康乃馨、山茶

擠花步驟：

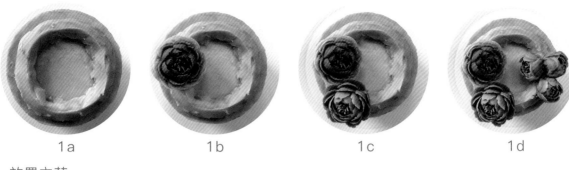

1a　　　　　　1b　　　　　　1c　　　　　　1d

放置主花

❶ 用擠花袋在蛋糕邊緣擠出一個圓圈底座，圓圈中心部分最高（a），接著將牡丹面向中心斜靠在底座上（b），再將另一顆牡丹面向外圍斜靠在底座上（c），記得兩顆花的位置需要稍微錯開，然後在正對面放上三顆牡丹花苞（d），讓視覺上看起來是一個三角形，接下來擺放其他花朵時，都要以這個三角形為設計中心。

2a　　　　　　2b　　　　　　2c　　　　　　2d

組合花朵

❷ 為了達到視覺上的平衡，在三顆花苞旁放上較大的白色芍藥（a），左邊兩顆大花旁，則擺上較小的芍藥花苞（b），接著在中間的空隙部分，分別擺上中型白色康乃馨和牡丹花苞（c），讓兩邊的花朵尺寸有所連結（d），慢慢縮小兩邊的距離。

3a　　　　　　3b　　　　　　3c　　　　　　3d

❸ 再用山茶和康乃馨等中型花朵（a），將空隙處填滿（b），記得每顆花朵位置都要錯開（c），而且要隨時注意視覺上的比重。再用352號花嘴，將蛋糕的空隙處補上葉子（d），葉子要確實遮住兩顆花朵的交界處，避免花的底座部分露出來（葉子擠法請參考P60頁）。

花團錦簇花冠型蛋糕

運用花朵：芍藥（主花）、銀蓮花（主花）、基礎玫瑰（主花）、
山茶、馬蹄蓮、小蒼蘭、蠟梅、朝鮮薊、金杖球

擠花步驟：

|1a|1b|1c|

底座

❶　蛋糕表面切平，抹上一層薄薄的白豆沙（a）。用擠花袋在蛋糕中心擠出一個小的半圓形底座（b），底座不要擠得太高，接著將芍藥斜靠在底座上，面向蛋糕外圍（c），如果想要的話，也可將芍藥放在底座最高點，面向正上方。

|2a|2b|2c|2d|

放置主花

❷　確定第一顆主花位置後，再靠著主花放上銀蓮花和基礎玫瑰（a），確定三顆主花的位置後（b），再於空隙處擺上小蒼蘭、山茶等較小顆的花朵（c），記得蛋糕外圍要適當留白，不要全部放滿（d）。

|3a|3b|3c|

❸　為了營造視覺延伸感，在蛋糕最底部空隙處放上馬蹄蓮（a），馬蹄蓮尾端最好朝著不同方向（b），其他剩下較大空隙處，放上蠟梅和朝鮮薊來替代葉子（c），增加蛋糕變化感，最後用352花嘴，在底部剩餘空隙處補上較長的葉子，增加設計感，中間小空隙則補上小葉子，就完成花冠型蛋糕（葉子擠法請參考P60頁）。

不對稱花禮型蛋糕

運用花朵：芍藥（主花）、康乃馨（主花）、牡丹花苞、
小蒼蘭、陸蓮花、馬蹄蓮、蠟梅、朝鮮薊、金杖球

擠花步驟：

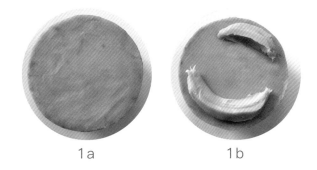

1a　　　　　1b

底座

❶ 蛋糕表面切平，抹上一層薄薄的白豆沙（a），再用擠花袋在蛋糕上方擠出一個小的圓弧底座，下方則擠出一個大的圓弧底座（b），兩個底座頭尾不要靠的太近，等等組合花朵時才不會看不出分界點，另外兩個底座的中心點都要最高。

2 a　　　　　2 b

放置主花

❷　　將芍藥斜靠在較大的底座上，面向蛋糕中心（a），接著在相對應的底座的另一邊，擺上另一顆主花康乃馨，面向蛋糕外圍（b），記得兩朵花的位置需要稍微錯開。

3 a　　　　　3 b　　　　　3 c　　　　　3 d

組合花朵

❸ 選取較小朵的芍藥花苞，放在兩顆主花的中間（a），填補主花交界處的空隙，接著重複步驟❷，直到圓弧型底座完全被花蓋住（b），每一顆花的位置都會稍微錯開（c），讓中間部分最寬，兩端比較窄，正上方看起來像半圓形（d）。

4 a　　　　　　　　4 b　　　　　　　　4 c

❹　接著在較大的空隙部分（a），放上蠟梅、朝鮮薊、金杖球等較小顆的花來替代
葉子（b），增加蛋糕的變化感，這些小花會稍微蓋到大顆的花（c），屬於正常現
象，不用擔心。

5 a　　　　　　　　　　5 b

❺　完成較大底座的花朵組合後（a），再來要組合較小圓弧形底座的花朵，先在底座
的尖端部分放上馬蹄蓮（b），增加視覺的延伸感。

6 a　　　　　　　　　　6 b

❻　決定視覺的主要方向後，再放上另外兩朵馬蹄蓮（a），三朵馬蹄蓮的根部最好都
朝著同一個方向（b），但尖端部分則可略為朝不同方向延伸。

7 a   7 b   7 c

❼ 在小圓弧花座擺上小蒼蘭、康乃馨、朝鮮薊等花朵（a），直到整個花座被花蓋住（b），注意兩個底座中間一定要留下空隙（c），看起來才會像是兩束花。

8 a   8 b

❽ 接著在較大空隙部分，擺蠟梅來替代葉子（a），增加蛋糕變化度，最後用352號花嘴，在剩餘小空隙擠上葉子，記得兩個底座的空隙都要擠葉子（b），另外葉子不要擠太長，讓整體視覺上乾淨一點，這樣就完成不對稱型蛋糕（葉子擠法請參考P60頁）。

🤚 小訣竅：
不對稱型蛋糕的重點，在於兩個豆沙底座上的花，比重要一大一小，因此在選擇花朵時，較大的主花都會放在大底座那側，小型底座部分會盡量選用較小朵、延伸性較強的花朵，才能做出對比，也不會讓整個蛋糕看起來過於擁擠。

擠花心得分享

我上課時有個規矩，就是要求學生把擠出來的第一朵花，留在壓克力板上，剛開始大家會不明白為什麼，只覺得第一朵花真醜，只想趕快把花毀掉。但隨著課程一邊進行，多數學生都會說「還好有留下第一朵花」，原因無他，就是因為經過重複練習後，再拿新擠的花與第一朵相比，大家都看到了自己明顯進步。

其實擠花真的不能怕「醜」，根據我的教學經驗，通常沒有想太多、也不怕作品醜的學生，進步得最快、學的也最多。因為如果沒有實際動手做過，僅在腦中想像，很難理解擠花步驟的意義，也沒辦法明白為什麼我要重複提醒「左手記得轉花釘」、「花嘴角度要先抓對」、「花嘴先碰到花座才擠豆沙」等重要步驟。更重要的是，沒有實際遇到擠花問題，就沒辦法解決問題，所以我常提醒學生，別急著毀掉醜的花，好好研究為什麼醜，醜了再擠一朵就好，沒甚麼了不起。

我的擠花年資雖然不算長，但回過頭看，自己都覺得進步神速。和大家分享我人生首顆擠花蛋糕，從一開始連玫瑰花都擠不好，不僅花心突出、花瓣糊在一起、花的姿態不對，甚至連調色都不盡理想，葉子的部分看起來也很呆板，簡單來說，整顆蛋糕就是不夠精緻、靈活、真實，但在練習擠了幾千顆的玫瑰後，我擠出來的玫瑰終於達到完美，姿態和大小都對了，再經過幾百顆的練習，我連顏色都抓得更精確、更柔美。

沒有人一開始擠花就非常完美，希望大家能夠放鬆心情，享受擠花的過程，相信當練習結束，妳們再回頭去看，一定會充滿了成就感。

104 花嘴 | P26

104 花嘴 | P32

97 花嘴 | P36

103 + 2 花嘴 | P40

103 + 23 花嘴 | P44

352 + 2 花嘴 | P48

79 花嘴 | P52

104 + 2 花嘴 | P56

2 花嘴 | P70

手工玫瑰花嘴 | P72

61 花嘴 | P76

手工玫瑰花嘴 + 2 | P80

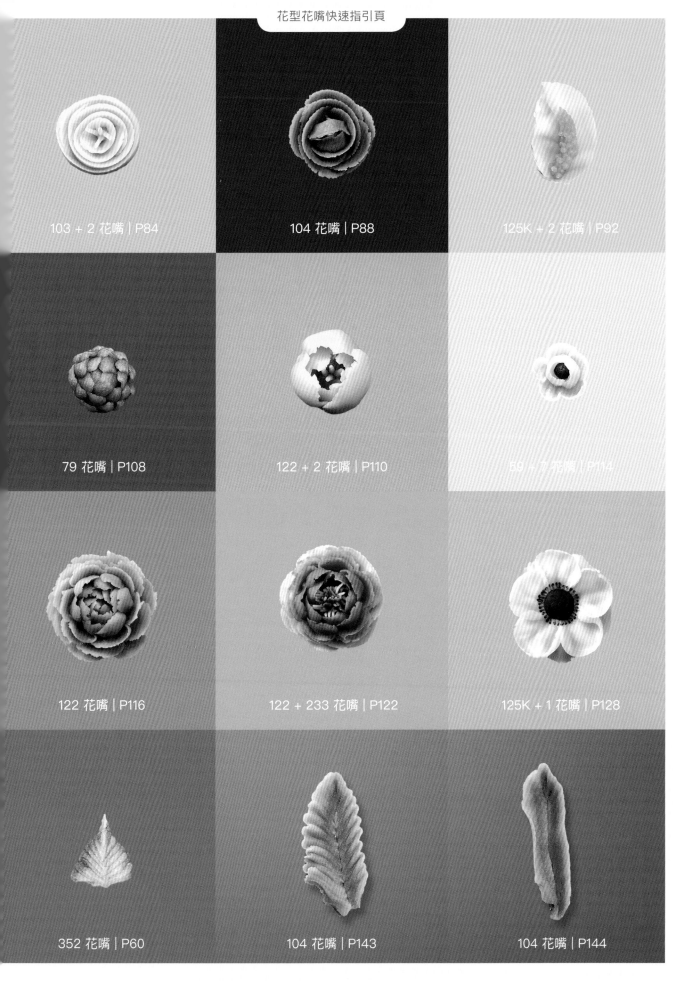

103 + 2 花嘴 | P84

104 花嘴 | P88

125K + 2 花嘴 | P92

79 花嘴 | P108

122 + 2 花嘴 | P110

59 + 7 花嘴 | P114

122 花嘴 | P116

122 + 233 花嘴 | P122

125K + 1 花嘴 | P128

352 花嘴 | P60

104 花嘴 | P143

104 花嘴 | P144

125K 花嘴 | P145

125K 花嘴 | P146

P62

P64

P66

P96

P98

P100

P102

P104

P132

P134

P136

P138

P140

P150

P154

P156

P158

P160

*Myra*的
豆沙擠花不失敗

給新手的第一本擠花書

三友圖書
http://www.ju-zi.com.tw
友直 友諒 友多聞

作　者	MYRA
編　輯	翁瑞祐
校　對	徐詩淵、林憶欣、翁瑞祐
封面設計	何仙玲
美術設計	MYRA
發 行 人	程顯灝
總 編 輯	呂增娣
主　編	翁瑞祐、徐詩淵
資深編輯	鄭婷尹
編　輯	吳嘉芬、林憶欣
美術主編	劉錦堂
美術編輯	曹文甄、黃珮瑜
行銷總監	呂增慧
資深行銷	謝儀方、吳孟蓉
發 行 部	侯莉莉
財 務 部	許麗娟、陳美齡
印　務	許丁財
出 版 者	四塊玉文創有限公司
總 代 理	三友圖書有限公司
地　址	106台北市安和路2段213號4樓
電　話	(02) 2377-4155
傳　真	(02) 2377-4355
E-mail	service@sanyau.com.tw
郵政劃撥	05844889 三友圖書有限公司
總 經 銷	大和書報圖書股份有限公司
地　址	新北市新莊區五工五路2號
電　話	(02) 8990-2588
傳　真	(02) 2299-7900
製版印刷	卡樂彩色製版印刷有限公司
初　版	2018年5月
定　價	新台幣400元
I S B N	978-986-364-120-9（平裝）

國家圖書館出版品預行編目(CIP)資料

Myra的豆沙擠花不失敗：給新手的第
一本擠花書 / Myra著. -- 初版. --
臺北市：橘子文化, 2018.05
　　面；　公分
ISBN 978-986-364-120-9(平裝)

1.點心食譜

427.16　　　　　　　107005004

地址： 　　縣/市　　鄉/鎮/市/區　　路/街

段　　巷　　弄　　號　　樓

三友圖書有限公司 收
SANYAU PUBLISHING CO., LTD.

106　　台北市安和路2段213號4樓

三友圖書
讀書俱樂部

「填妥本回函，寄回本社」，即可免費獲得好好刊。

粉絲招募歡迎加入
臉書／痞客邦搜尋
「三友圖書-微胖男女編輯社」
加入將優先得到出版社
提供的相關優惠、
新書活動等好康訊息。

四塊玉文創╳橘子文化╳食為天文創╳旗林文化
http://www.ju-zi.com.tw
https://www.facebook.com/comehomelife

親愛的讀者:

感謝您購買《Myra 的豆沙擠花不失敗:給新手的第一本擠花書》一書,為感謝您對本書的支持與愛護,只要填妥本回函,並寄回本社,即可成為三友圖書會員,將定期提供新書資訊及各種優惠給您。

姓名 _____ 出生年月日 _____

電話 _____ E-mail _____

通訊地址 _____

臉書帳號 _____

部落格名稱 _____

1 年齡
□ 18 歲以下　　□ 19 歲～ 25 歲　□ 26 歲～ 35 歲　□ 36 歲～ 45 歲　□ 46 歲～ 55 歲
□ 56 歲～ 65 歲　□ 66 歲～ 75 歲　□ 76 歲～ 85 歲　□ 86 歲以上

2 職業
□軍公教 □工 □商 □自由業 □服務業 □農林漁牧業 □家管 □學生
□其他 _____

3 您從何處購得本書?
□博客來　□金石堂網書　□讀冊　□誠品網書　□其他 _____
□實體書店 _____

4 您從何處得知本書?
□博客來　□金石堂網書　□讀冊　□誠品網書　□其他 _____
□實體書店 _____ □ FB(三友圖書 - 微胖男女編輯社)
□好好刊(雙月刊)　□朋友推薦　□廣播媒體 _____

5 您購買本書的因素有哪些?(可複選)
□作者 □內容 □圖片 □版面編排 □其他 _____

6 您覺得本書的封面設計如何?
□非常滿意 □滿意 □普通 □很差 □其他 _____

7 非常感謝您購買此書,您還對哪些主題有興趣?(可複選)
□中西食譜　□點心烘焙　□飲品類　□旅遊　□養生保健　□瘦身美妝　□手作　□寵物
□商業理財　□心靈療癒　□小說　　□其他 _____

8 您每個月的購書預算為多少金額?
□ 1,000 元以下　□ 1,001 ～ 2,000 元　　□ 2,001 ～ 3,000 元　　□ 3,001 ～ 4,000 元
□ 4,001 ～ 5,000 元　　□ 5,001 元以上

9 若出版的書籍搭配贈品活動,您比較喜歡哪一類型的贈品?(可選 2 種)
□食品調味類　　□鍋具類　　□家電用品類　　□書籍類　　□生活用品類　□ DIY 手作類
□交通票券類　　□展演活動票券類　　　　　□其他 _____

10 您認為本書尚需改進之處?以及對我們的意見?
_____

感謝您的填寫,
您寶貴的建議是我們進步的動力!